高等学校教学辅导用书

画法几何与阴影透视
的基本概念和解题指导
（第 二 版）

黄水生　主编

中国建筑工业出版社

图书在版编目（CIP）数据

画法几何与阴影透视的基本概念和解题指导/黄水生
主编. —2版. —北京：中国建筑工业出版社，2015.6
高等学校教学辅导用书
ISBN 978-7-112-18130-8

Ⅰ. ①画… Ⅱ. ①黄… Ⅲ. ①画法几何②建筑
制图-透视投影 Ⅳ.①O185.2②TU204

中国版本图书馆 CIP 数据核字（2015）第 102632 号

本书根据当前国内外高校图学教育研究的方向和发展趋势，结合建筑类各专业新的教学计划，按照现国家教委颁布的课程教学基本要求，以及编者多年来的教学实践经验编写而成。书中的主要内容有：点、直线和平面的投影，直线与平面、平面与平面的相对位置，曲线与曲面，几何体的投影，平面与立体相交，两立体相交，轴测投影，阴影的基本概念与基本规律，平面建筑形体的阴影，曲面立体的阴影，透视的基本概念与基本规律，透视图的基本画法和透视参数的合理选择，透视图的实用画法，曲线与曲面立体的透视，建筑透视阴影，倒影与虚像等。

继承与创新的并重，理论与实践的统一，科学性、时代性、工程实践性的加强是本书的主要特点。本书论述简练，例图由简及繁、难易适中，注重开发读者的独立思考能力和作图能力。

本书可作为大中专院校建筑学、城市规划、风景园林、环境艺术设计、室内设计、工业设计等专业必修课的辅助教材，也可作为土木工程专业、本科相关专业选修课的辅助教材。此外，本书还可作为函授大学、电视大学、业余大学同类专业的教学参考书，亦可供从事建筑工程和建筑设计的工程技术人员、图学教育工作者、美术工作者学习参考。

* * *

责任编辑：王玉容
责任校对：李欣慰　陈晶晶

高等学校教学辅导用书
画法几何与阴影透视的基本概念和解题指导
（第二版）
黄水生　主编

*

中国建筑工业出版社出版、发行（北京西郊百万庄）
各地新华书店、建筑书店经销
霸州市顺浩图文科技发展有限公司制版
北京同文印刷有限责任公司印刷

*

开本：787×1092 毫米　1/16　印张：10　字数：243 千字
2015 年 8 月第二版　　2015 年 8 月第三次印刷
定价：**28.00** 元
ISBN 978-7-112-18130-8
（27346）

第二版前言

本书第一版自 2006 年出版以来，反响热烈，受到了众多高校师生的欢迎。

本次修订，秉承教育部高等教育司最新颁布的《普通高等院校工程图学课程教学基本要求》的精神，根据当前工程图学教学改革的发展趋势，结合这些年来各校教学改革的经验，以及原书在实际使用过程中的体验，从培养 21 世纪创新型、应用型、复合型人才的目标出发，对原书的内容作出大幅度的删减和调整。

（1）继续坚持"雄厚基础、精选内容、同步更新、利于自学"的指导思想，遵循认知规律，仍将重点放在投影法基础应用方面。使之内容精炼，联系实际，体系科学，具有启发性和实用性。

（2）在传承第一版固有的开创性、实践性、科学性较为突出的特色基础上，进一步开拓创新，坚持从实践中来、到实践中去的编写理念，学以致用。

（3）进一步理顺教材与教辅的关系，融学习目标、基本概念于解题指导之中，突出应用。

（4）本书的每一道题目都经过严格的筛选，具有广泛的代表性。其题解过程均给出了详尽的空间分析、理论依据、绘画步骤和作图结果，从而引领读者学会分析问题，解决问题。

（5）继续采用模块化的结构形式编排，便于不同专业的读者选择性地进行学习。

（6）删除了"投影变换"和"三点透视"两章，修正了原书的某些笔误。

本书定位为大中专院校工科土建类、设计类、艺术绘画类各有关专业的辅助教材，也可用作图学教育工作者、工程设计专业人员的参考用书。考虑到各校专业设置和教学学时的不同，凡冠以"＊"号的章节，读者可根据实际情况在学习过程中自行取舍。

本书由黄水生主编，黄莉、谢坚、李雪梅、宋琦、潘延力等参编。由于水平所限，谬误之处在所难免，恳请关爱本书的同行和广大读者指正，在此一并表示诚挚的谢意。

感谢广州大学高级工程师张小华、澳大利亚设计师黄青蓝等对本书编写一如既往的支持。

与本书相适应的配套教材《建筑透视与阴影教程》（含全国多媒体竞赛一等奖和最佳艺术效果奖获奖课件）（黄水生、黄莉、谢坚主编）、《建筑透视与阴影教程习题集》（黄水生、谢坚、黄莉主编），同时由清华大学出版社出版，可供选用。

编者

2015 年 3 月于广州大学城

目　录

第一篇　画法几何

第一章　点的投影……………………………………………………… 1
第二章　直线的投影…………………………………………………… 5
第三章　平面的投影…………………………………………………… 16
第四章　直线与平面、平面与平面的相对位置……………………… 22
第五章　曲线与曲面…………………………………………………… 32
第六章　几何体的投影………………………………………………… 38
第七章　平面与立体相交……………………………………………… 45
第八章　两立体相交…………………………………………………… 56
第九章　轴测投影……………………………………………………… 67

第二篇　阴影透视

第十章　阴影的基本概念与基本规律——点、直线、平面图形的落影… 77
第十一章　平面建筑形体的阴影……………………………………… 82
第十二章　曲面立体的阴影…………………………………………… 99
第十三章　透视的基本概念与基本规律……………………………… 108
第十四章　透视图的基本画法和透视参数的合理选择……………… 116
第十五章　透视图的实用画法………………………………………… 129
第十六章　曲线与曲面立体的透视…………………………………… 136
第十七章　建筑透视阴影……………………………………………… 144
第十八章　倒影与虚像………………………………………………… 152

参考文献………………………………………………………………… 156

第一篇　画法几何

第一章　点的投影

1-1　已知空间点 A（15，18，8）、B（25，10，20），求作它们的三面投影及轴测图，并分析两点的相对位置。

[解]：1. 作投影图（图 1-1a）：

（1）画出投影轴，然后根据点 A 的坐标，在 OX 轴上自原点 O 向左量取 15mm 得点 a_x。过该点作竖直线，并在该竖直线上自 a_x 向上量取 8mm 得点 A 的正面投影 a'；自 a_x 在竖直线上向下量取 18mm 得点 A 的水平投影 a。

（2）自 a' 作水平横线交 OZ 轴于 a_z。在该线上自 a_z 向右量取 18mm 得点 A 的侧面投影 a''（实际作图时，也可根据点的投影规律利用过原点的 45° 辅助线作出 a''），即完成点 A 的三面投影。

（3）同理，作点 B 的三面投影。

2. 作轴测图（图 1-1b）：

（1）画三面投影体系的轴测图：先画一矩形作为 V 面；另如图所示，作出公共边 OY 为 45° 线的两个相邻的平行四边形，即作出 H 面和 W 面，并注写出投影轴和投影面的标记。

（2）根据 A 点的坐标值，按 1∶1 的比例沿三面体系轴测图中的各轴量取相应的坐标，即 X 轴上量取 $a_xO=15mm$，Y 轴上量取 $a_yO=18mm$，Z 轴上量取 $a_zO=8mm$；然后过点 a_x 作 OX、OY 轴的平行线，过点 a_y 作 OX、OZ 轴的平行线，过点 a_z 作 OX、OY 轴

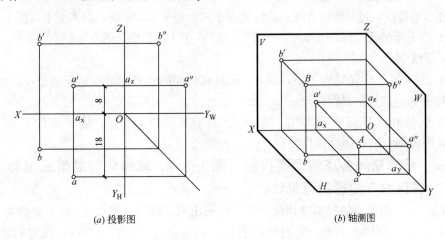

(a) 投影图　　　　　　　　　　　(b) 轴测图

图 1-1　根据坐标值求作点的投影图和轴测图

1

的平行线。上述图线两两相交得 a'、a、a''。最后过 a'、a''、a 作相应投影轴的平行线，所得交点即为空间点 A 的轴测图。

（3）同理，作点 B 的轴测图。

3. 分析点 B 对点 A 的相对位置：

由已知的点 A、B 的坐标可知，两点的坐标差为：

$\Delta x = x_B - x_A = 25 - 15 = 10 > 0$，即点 B 在点 A 的左边 10mm 处；

$\Delta y = y_B - y_A = 10 - 18 = -8 < 0$，即点 B 在点 A 的后边 8mm 处；

$\Delta z = z_B - z_A = 20 - 8 = 12 > 0$，即点 B 在点 A 的上面 12mm 处。

故点 B 在点 A 的左方 10mm，后方 8mm，上方 12mm，即点 B 在点 A 的左后上方。反之，称点 A 在点 B 的右前下方也可。

1-2 已知如图 1-2（a）所示，设点 F 和点 E 到 H 面等距，点 G 和点 E 到 V 面等距，点 D 和点 E 到 W 面等距。试完成 F、D、G 点的三面投影。

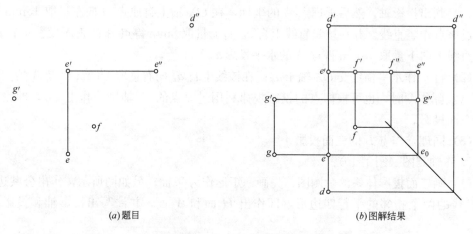

(a) 题目   (b) 图解结果

图 1-2 根据已知条件求作点的其他投影

[**解**]：这是一道无轴投影的作图题。

（1）首先根据已知点 E 的三个投影作出三投影面体系惟一内定的一条 45°辅助作图线。即过 e 作水平横线，过 e'' 作竖直线；两线相交于 e_0。过 e_0 作 45°线，即得所求（图 1-2b）。

（2）点 F 和点 E 到 H 面等距，即 F、E 高平齐（具有相同的 z 坐标），故 f'、f'' 必落在 e'、e'' 连线上。

（3）点 G 和点 E 到 V 面等距，即 G、E 具有相同的 y 坐标，故 g 应位于 ee_0 的延长线上，g'' 则依据点的投影规律作出。

（4）点 D 和点 E 到 W 面等距，即 D、E 具有相同的 x 坐标，故 d' 应位于 ee' 的延长线上，d 则依据点的投影规律作出。

1-3 已知空间各点的两面投影（图 1-3a），求作它们的第三投影，指出重影点，并区分其投影的可见性。

[**解**]：（1）根据点的投影规律依次逐点地求出第三投影（图 1-3b），不要遗漏。

（2）点 A 在 B 的正上方，它们是 H 投影面的重影点。由于 $z_A > z_B$，故它们的水平投影重影，且 a 可见，b 不可见，即 a（b）。

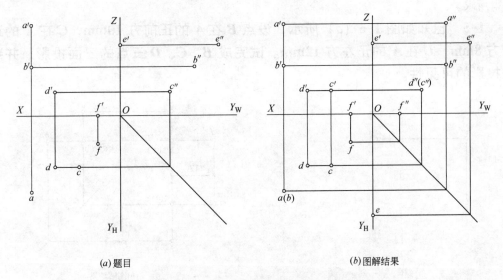

(a) 题目   (b) 图解结果

图 1-3 根据已知条件求作点的第三投影，并区分可见性

（3）点 D 在点 C 的正左方，他们是 W 投影面的重影点。由于 $x_D > x_C$，故它们的侧面投影重影，且 d'' 可见，c'' 不可见，即 d''（c''）。

（4）点 F 属于 H 投影面，f'' 应位于 OY_W 轴上。

（5）点 E 属于 W 投影面，e 应位于 OY_H 轴上。

1-4 已知如图 1-4（a）所示，设点 C 在点 A 之后 8mm，在点 B 之左 10mm，在 H 面之上 20mm。试完成 A、B、C 的三面投影。

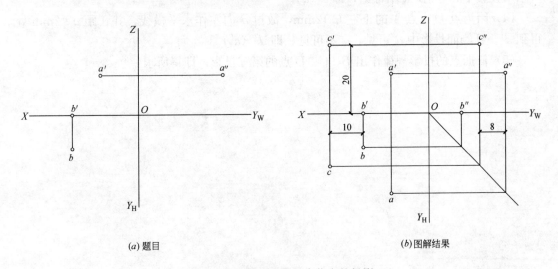

(a) 题目   (b) 图解结果

图 1-4 根据已知条件求作点的投影

[**解**]：（1）根据点的投影规律依次作出点 A、B 的第三投影 a 和 b''（图 1-4b）。

（2）在 bb' 连线的左侧 10mm 处作 bb' 的平行线，并在 OX 轴的上方 20mm 处作 OX 轴的平行线，两作图线交点即为点 C 的正面投影 c'；过 c' 向右作水平横线与过 a'' 左方 8mm 的竖直线相交，得点 C 的侧面投影 c''；最后，依据点的投影规律，作出 C 的水平投影 c，

3

即得所求。

1-5 已知如图 1-5（a）所示，设点 *B* 在 *A* 的正前方 10mm，*C* 在 *A* 的正上方 8mm，*D* 在 *A* 的正左方 12mm。试完成 *B*、*C*、*D* 三点的三面投影，并判断投影的可见性。

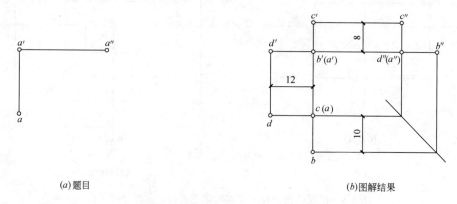

(a)题目　　　　　　　　　　　　　　　　　(b)图解结果

图 1-5　根据已知条件求作点的投影

[解]：这是一道无轴投影的习题。

（1）根据已知点 *A* 的三面投影，作出该题惟一内定的 45°辅助作图线（图 1-5*b*）。

（2）因为点 *B* 在 *A* 的正前方 10mm，故过 *a* 向下作竖直线，并在距 *a* 10mm 处得到 *b*。且正面投影中 *b*′可见，*a*′不可见，即 *b*′（*a*′）。

（3）因为点 *C* 在 *A* 的正上方 8mm，故过 *a*′向上作竖直线，并在距 *a*′8mm 处得到 *c*′。且水平投影中 *c* 可见，*a* 不可见，即 *c*（*a*）。

（4）因为点 *D* 在点 *A* 的正左方 12mm，故过 *a*′向左作水平横线，并在距 *a*′12mm 处得到 *d*′。且侧面投影中 *d*″可见，*a*″不可见，即 *d*″（*a*″）。

（5）依据点的投影规律作出 *B*、*C*、*D* 点的第三投影，即得所求。

第二章　直线的投影

2-1 已知如图 2-1 (*a*) 所示，设直线 *AB*∥*H* 面，其实长为 **27mm**，*β*＝**30°**，且端点 *B* 在端点 *A* 的右前方；直线 *CD*∥*V* 面，且距 *V* 面 **18mm**。试完成 *AB*、*CD* 的两面投影。

　　[解]　分析：根据投影面平行线的投影特性可知，水平线 *AB* 的 *H* 面投影应反映实长及其对 *V* 面的倾角 *β*。此时，满足实长和倾角 *β* 要求的 *AB* 解一共有四个（即待求的端点 *B* 可位于端点 *A* 的左前、右前、左后、右后）。当限定端点 *B* 在端点 *A* 的右前方时，即可作出直线 *AB* 的惟一解。

　　至于正平线 *CD*，其 *H* 面投影应平行于 *OX* 轴，且到 *OX* 轴的距离直接反映出该线到 *V* 面的距离，并由此完成作图。

　　作图（图 2-1*b*）：

　　(1) 过点 *A* 的水平投影 *a* 作 *ab*＝27mm，使 *b* 在 *a* 的右前方，且 *ab* 与 *OX* 轴的夹角成 30°。

　　(2) 过点 *A* 的正面投影 *a'* 向右作水平横线平行于 *OX* 轴，交过 *b* 向上作的竖直线于 *b'*；连线 *a'b'*，并加粗 *ab*、*a'b'*，即得所求。

　　(3) 过 *c'* 向下作 *OX* 轴的垂线，并在该线 *OX* 轴的下方 18 mm 处取 *c*；过 *c* 向右作水平横线与过 *d'* 向下作的竖直线相交于 *d*。连线 *cd* 并加粗，即得所求。

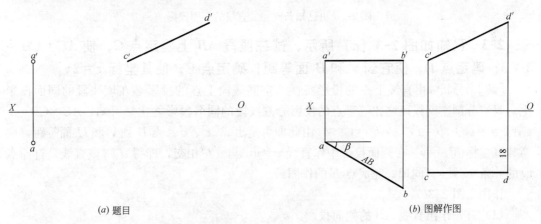

(*a*) 题目　　　　　　　　　　　　　　　(*b*) 图解作图

图 2-1　由已知条件完成直线的两面投影

2-2 已知如图 2-2 (*a*) 所示，试过点 *A* 作水平线 *AB*，使 *AB*＝**30mm**，*β*＝**60°**（点 *B* 在 *A* 的右前方）；作侧平线 *AC*，使 *AC*＝**32mm**，*α*＝**45°**（点 *C* 在 *A* 的前上方）。

　　[解]　分析：根据投影面平行线的投影特性，水平线 *AB* 应在 *H* 面上反映其实长及

对 V 面的倾角 β，且端点 B 在 A 的右前方。侧平线 AC 应在 W 面上反映其实长及对 H 面的倾角 α，且端点 C 在 A 的前上方。

作图（图 2-2b）：

（1）过 a 作 ab 等于 30mm，使之与 OX 轴的倾角 β 等于 60°，且端点 B 在 A 的右前方；再根据水平线的投影特性作出 b'、b''。

（2）过 a'' 作 $a''c''$ 等于 32mm，使之与 OY_W 轴的倾角 α 等于 45°，且端点 C 在 A 的前上方；再根据侧平线的投影特性作出 c'、c。

（3）连线并加粗全部投影，标出实长和倾角，完成作图。

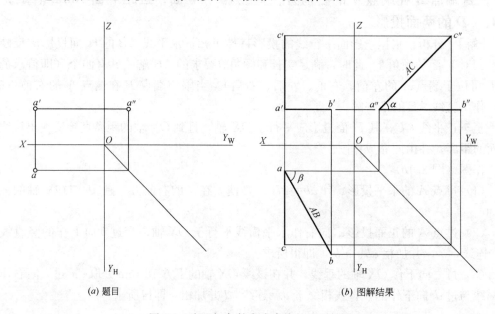

(a) 题目　　　　　　　　　　　　　　　(b) 图解结果

图 2-2　由已知条件完成直线的三面投影

2-3　已知如图 2-3（a）所示，试在线段 AB 上确定点 C，使 $AC:CB=$ 1:3；确定点 D，使它到 V 和 H 面等距；确定点 E，使其坐标 $z=2y$。

[解]　分析：由直线上点的投影特性（空间线段上点的投影必在该线段的同面投影上，且点分割空间线段之比等于点的投影分割线段的同名投影之比）可知，$AC:CB=a'$ $c':c'b'=ac:cb=a''c'':c''b''=1:3$，由此即可定出 c、c'、c''。点 D 到 V 和 H 面等距，则意味其坐标值 $z=y$。在侧面投影中作直线 $z=y$，与 $a''b''$ 相交，即得 d''（该直线是过原点 O 的一条 45°线）。同理，完成点 E 的作图。

作图（图 2-3b）：

（1）首先作出直线 AB 的侧面投影 $a''b''$。

（2）过 a' 以适当方向作辅助直线 $a'4$（可选择 AB 的任一投影的任一个端点作图），并将其等分为四份。由于 $AC:CB=a'c':c'b'=1:3$，故可连线 $4b'$，再过等分点 1 作 $4b'$ 的平行线交 $a'b'$ 于 c'，依投影关系作出相应的 c、c''，即得满足题目要求的点 C 的三面投影。

（3）过原点 O 在 W 投影作图区作 45°直线 $z=y$，与 $a''b''$ 交于 d''。由此作出对应的 d、d'，即得满足题目要求的点 D 的三面投影。

（4）同理，过原点 O 在 W 投影作图区作直线 $z=2y$（在 OY_W 轴上的适当位置任取点

m 作竖直线，过 OZ 轴上且距 O 点 2m 处的点作水平横线，两线相交；连线该点与原点 O，即为直线 $z=2y$），延长直线 $z=2y$ 与 $a''b''$，交于 e''。由此作出对应的 e、e'，即得满足题目要求的点 E 的三面投影。

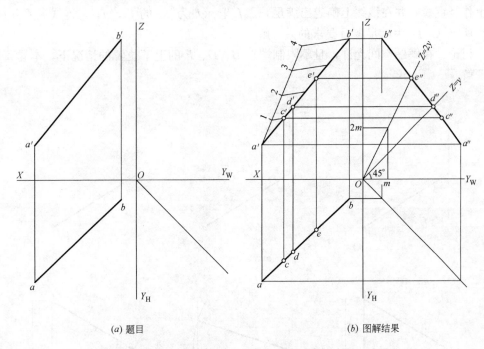

(a) 题目　　　　　　　　　　　　(b) 图解结果

图 2-3　在已知直线上确定满足要求的点

2-4　已知如图 2-4 （a）所示，设一般位置直线 AB 的倾角 $\alpha=30°$，CD 的倾角 $\beta=30°$，EF 的实长为 30mm。试完成直线 AB、CD、EF 的两面投影。

［解］　分析：根据直角三角形法的作图原理，（1）当已知线段 AB 的水平投影 ab 及其倾角 α 时，由直角三角形法可求出其坐标差 Δz。又由点的投影规律可知 b、b' 在同一条投影连线上，故可定出 b'，从而完成作图。

（2）已知线段 CD 的水平投影 cd，其坐标差 Δy 则已知。当已知线段 CD 的坐标差 Δy 及其倾角 β 时，由直角三角形法可求出其正面投影 $c'd'$ 的长度。又由点的投影规律可知 d、d' 在同一条投影连线上，即可求得 d'，从而完成作图。

（3）已知线段 EF 的水平投影 ef，又知其实长，由直角三角形法可直接求出其坐标差 Δz；又由点的投影规律可知 f、f' 在同一条投影连线上，即可定出 f'，从而完成作图。

作图（图 2-4b）：

（1）利用直线 AB 的水平投影 ab 在 H 面上，直接作直角三角形，使斜边与 ab 的夹角等于 30°，从而求出其坐标差 Δz。过 b 向上作竖直线，并在该线上确定出满足 a'、b' 坐标差为 Δz 的 b'、b_1'，连线 $a'b'$ 并加粗，即得所求（$a'b_1'$ 为满足题目要求的另一解）。

（2）在 H 面上先由已知的投影 cd 作出其 Y 坐标差 Δy，再以坐标差 Δy 为一条直角边，其对角为已知的倾角 β 作直角三角形，则另一直角边即为 $c'd'$ 的长度。再以 c' 为圆心，以 $c'd'$ 的长度为半径画弧，交过 d 的竖直线于点 d'、d_1'，连线 $c'd'$ 并加粗，即得所求（$c'd_1'$ 为满足题目要求的另一解）。

（3）以直线 EF 的水平投影 ef 为一条直角边，以 e 为圆心，EF 的实长 30mm 为半径画弧，与过 f 的另一直角边相交得斜边，作直角三角形，得直线 EF 的坐标差 Δz。过 f 向上作竖直线，并在该线上确定出满足 e'、f' 坐标差为 Δz 的 f'、f_1'，连线 $e'f'$ 并加粗，即得所求（$e'f_1'$ 为满足题目要求的另一解）。

讨论：在解题空间允许，且不限制端点 B、D、F 的上下位置的情况下，本题每例均有两解。

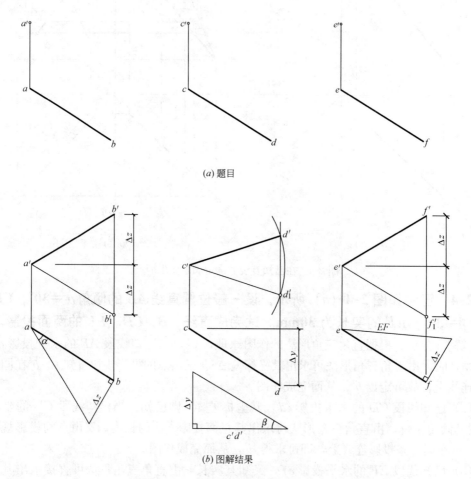

(a) 题目

(b) 图解结果

图 2-4 由已知条件补作线段的正面投影

2-5 已知如图 2-5（a）所示，求作直线 *AB* 的倾角 γ 和实长。

［解］ 分析：根据直角三角形法的作图原理，已知直线 AB 的 V、H 面投影（亦即已知直线 AB 的坐标差 Δx），可直接应用直角三角形法一次求出 AB 的实长。再由 AB 的实长及其坐标差 Δx，再次应用直角三角形法，即求出倾角 γ。

作图（图 2-5b）：

（1）在 H 面上以 ab 为一条直角边，Δz 为另一条直角边作直角三角形，斜边即为 AB 的实长。

（2）由已知条件直接量取 Δx。

（3）在合适的位置以 Δx 长为一条直角边，以其任一端点为圆心，AB 的实长为半径画弧，与另一直角边相交，作直角三角形，则直角边 Δx 的对角即为所求倾角 γ。

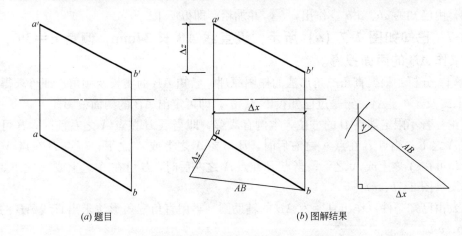

(a) 题目　　　　　　　　　　　　(b) 图解结果

图 2-5　求作一般位置直线的实长和倾角 γ

2-6　已知如图 2-6（a）所示，设线段 AB 通过原点 O，其 $\alpha = 30°$。试补全 AB 的 V、W 面投影。

[解]　分析：根据直角三角形法的作图原理，已知 AB 的水平投影 ab 及其倾角 α，即可用直角三角形法求得 AB 的坐标差 Δz。而具有坐标差 Δz 的直线段有无数条。再由补充条件"AB 通过原点 O"，即可定出其惟一解。

作图（图 2-6b）：

（1）在 H 面上以 ab 为一条直角边，以另一条直角边的对角为 $30°$ 作直角三角形，则 $30°$ 角所对应的直角边的长度即为线段 AB 的坐标差 Δz。

（2）过 a 向上作竖直线，在该线 OX 轴的上方量取距 OX 轴为 Δz 的点，连线该点与过 b 的竖直线与 OX 轴的交点，即得满足 z 坐标差要求的一个解（有无穷解）。过原点 O

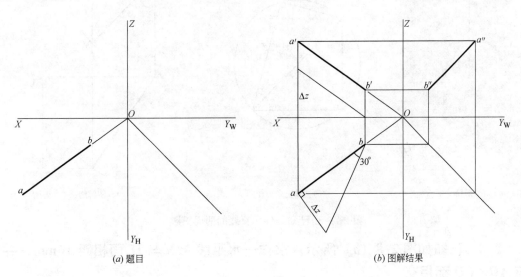

(a) 题目　　　　　　　　　　　　(b) 图解结果

图 2-6　由已知条件补作线段 AB 的 V、W 面投影

9

作上述解的平行线，交过 a、b 向上所作的竖直线于 a'、b'，连线 $a'b'$ 并加粗，即得直线 AB 的正面投影。

（3）由已知的 ab、$a'b'$，作出 $a''b''$，并加粗，即得所求。

2-7 已知如图 2-7（a）所示，设直线 AB 长 34mm，倾角 $\alpha=30°$，$\beta=45°$。求作 AB 的两面投影。

［解］ 分析：根据直角三角形法的作图原理，已知 AB 的实长及倾角，即可求得对应的 ab、Δz 及 $a'b'$、Δy。于是已知投影 a、a'，即可定出 AB 的两面投影。

讨论：若不限定端点 B 的方位，本例有八解。即当点 B 在点 A 之右前时，B 可在 A 之上或 A 之下；当点 B 在点 A 之右后时，B 可在 A 之上或 A 之下；当点 B 在点 A 之左前时，B 可在 A 之上或 A 之下；当点 B 在点 A 之左后时，B 可在 A 之上或 A 之下。

作图（图 2-7b、c）：

（1）由已知条件，作出直径为 AB 的辅助圆，再用直角三角形法求出直线 AB 的 Δz、Δy、ab、$a'b'$。

（2）由给定的解题空间，过 a 向下作与投影 a 的 Y 向差值为 Δy 的两条水平横线；再以 a 为圆心，ab 为半径画弧，交前方水平横线于 b。连线 ab，并加粗，即为所求的水平投影。

（3）过 b 向上作竖直线。该线与以 a' 为圆心，$a'b'$ 为半径的圆弧相交于 b'、b_1'。连线 $a'b'$，并加粗，即为所求的正面投影的一解（$a'b_1'$ 为满足题目要求的又一解）。

（4）上述解为端点 B 在 A 之右前上方。取投影 $a'b_1'$ 与 ab 的解，则为端点 B 在 A 之右前下方的另一解。

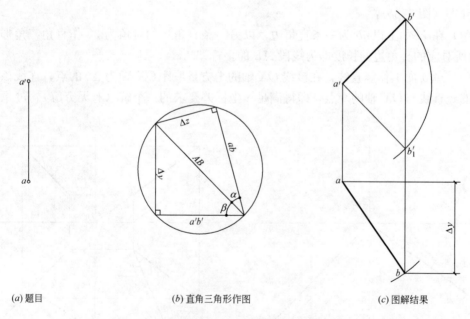

（a）题目　　　　　　　（b）直角三角形作图　　　　　　　（c）图解结果

图 2-7　由已知条件作直线的两面投影

2-8 已知如图 2-8（a）所示，求作一水平线 MN 与 H 面相距 16mm，并与 AB、CD 都相交。

［解］ 分析：根据水平线的投影特性和两直线相交的投影特性，水平线 MN 的 V 面

10

的投影 $m'n'$ 应平行于 OX 轴，并反映出它到 H 面的距离。又由 MN 与 AB、CD 相交，可定出 M、N 位于 AB、CD 上，从而完成 mn 的作图。

作图（图 2-8b）：

（1）在 OX 轴的上方作距 OX 轴为 16mm 的水平横线，该线与 $a'b'$、$c'd'$ 相交于 m'、n'。

（2）过 m'、n' 向下作竖直线交 ab、cd 于 m、n。

（3）连线 $m'n'$、mn，并加粗，即得所求。

（4）mn 反映水平线 MN 的实长。

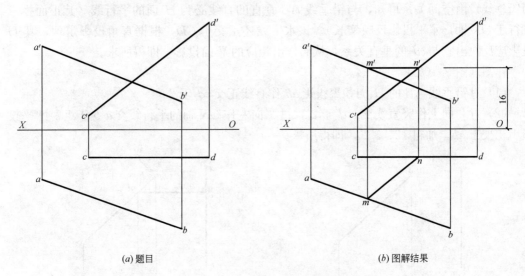

(a) 题目　　　　　　　　　　　　　　　　(b) 图解结果

图 2-8　作直线与两已知直线相交

2-9　已知如图 2-9（a）所示，求作一直线与两交叉直线 CD、EF 都相交，且平行于直线 AB。

［解］　分析：根据相交两直线、平行两直线的投影特性，因所求直线 $//AB$，所以它们同面投影必反映平行关系。又因 CD 为铅垂线，故所作直线的水平投影必过 CD 的 H

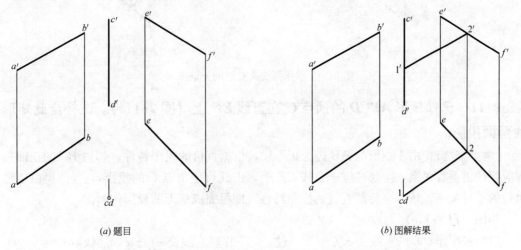

(a) 题目　　　　　　　　　　　　　　　　(b) 图解结果

图 2-9　作直线与两交叉直线 CD、EF 相交，且平行于直线 AB

11

面积聚投影，再依据相交两直线的投影特性完成作图。

作图（图2-9b）：

（1）过直线CD的H面积聚投影cd作投影ab的平行线，交投影ef于2。

（2）过2向上作竖直线交e'f'于2'，过2'作a'b'的平行线，交c'd'于1'。水平投影1积聚于cd，加粗12、1'2'，即得所求。

2-10 **已知如图2-10（a）所示，求作交叉两直线AB、CD的公垂线。**

［解］ 分析：公垂线是同时与AB、CD都垂直的直线，亦即它们的最短距离。现AB为铅垂线，由空间关系可知，与铅垂线AB垂直的直线必为H面的平行线（其正面投影平行于OX轴，水平投影反映实长）。该水平线还正交于CD，根据直角投影定理，其H投影应反映出它与cd的垂直关系，从而作出相应的V面投影，即得所求。

作图（图2-10b）：

（1）过铅垂线AB的H面积聚投影ab作直线正交cd于2。

（2）过2向上作竖直线交c'd'于2'，过2'向左作OX轴的平行线交a'b'于1'。水平投影1积聚于ab。加粗12、1'2'，即得所求。

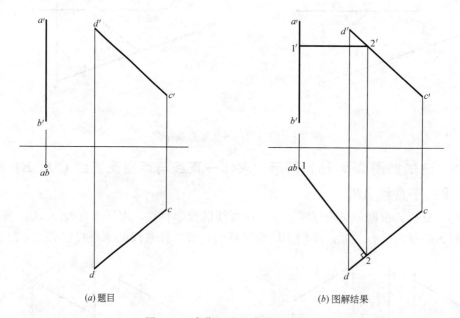

(a) 题目　　　　　　　　(b) 图解结果

图2-10　求作两交叉直线的公垂线

2-11 **已知矩形ABCD的顶点C在直线EF上（图2-11a）。试补全此矩形的两面投影。**

［解］ 分析：由于矩形的AB边为正平线，根据直角的投影特性，邻边BC的正面投影应反映出垂直关系，且点C位于直线EF上，由此可定出点C的投影c'、c。再由矩形对边的平行关系，依据平行两直线的投影特性，即可完成矩形的投影作图。

作图（图2-11b）：

（1）过b'作a'b'的垂线交e'f'于c'，过c'向下作竖直线交ef于c，连线cb；

（2）作c'd'∥a'b'，a'd'∥b'c'，cd∥ab，ad∥bc；

（3）加粗折线 bcda、b'c'd'a'即得所求。

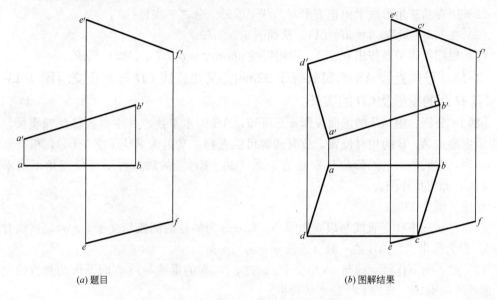

(a) 题目　　　　　　　　　　　　　(b) 图解结果

图 2-11　由已知条件完成矩形的两面投影

2-12　**已知如图 2-12（a）所示，设正方形 ABCD 的一条对角线 BD 在直线 MN 上。求作此正方形的两面投影。**

[解]　分析：由正方形的几何特性可知，其对角线 AC、BD 垂直等长。现已知其中的 BD 在水平线 MN 上，根据直角投影定理，在 H 面上应反映出 ac⊥mn（垂足 O 为正方形的中心，亦即两对角线的交点和中点）。由于两对角线相等，根据直角三角形法即可求出 OA 实长（对角线 AC 一半的实长），从而直接在反映实长的水平线 MN 的水平投影 mn 上定出 b、d（ob＝od＝OA）。最后根据投影关系完成正方形的两面投影，即得所求。

作图（图 2-12b）：

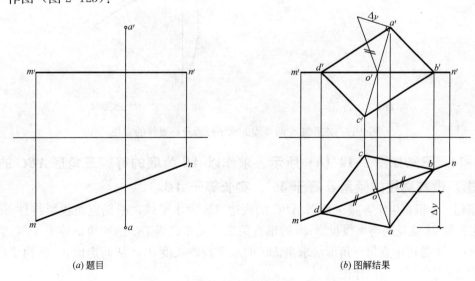

(a) 题目　　　　　　　　　　　　　(b) 图解结果

图 2-12　由已知条件完成正方形的两面投影

13

（1）过 a 作 $ac \perp mn$，交 mn 于 o，且 $ao = oc$，按投影关系对应作图确定 c'、o'；

（2）用直角三角形法求出正方形对角线 AC 的二分之一实长 OA；

（3）在 mn 上量取 $ob = od = OA$，从而确定 b、d；

（4）根据投影关系作出 b'、d'，加粗折线 $abcda$、$a'b'c'd'a'$，即得所求。

2-13 已知直线 AB 的实长等于 32mm，又知直线 CD 与其正交（图 2-13a）。试求其 H 面的投影及 CD 的实长。

［解］ 分析：由 AB 的正面投影 $a'b'$ 可知，AB 为水平线，其水平投影反映实长。由于未限定端点 A、B 的相对位置，故有两解可供选择。又因为 AB 正交于 CD，根据直角投影定理，它们的水平投影应反映垂直关系（$ab \perp cd$）。最后，再用直角三角形法求出 CD 实长，即完成作图。

作图（图 2-13b）：

（1）过 a' 向下作竖直线与以 b 为圆心，32mm 为半径的圆弧相交于 a、a_1；连线并加粗 ab，即为所求线段 AB 的一解（连线 a_1b 为另一解）。

（2）过 c' 向下作竖直线与 ab 相交于 c；过 c 作 ab 的垂线与过 d' 向下作的竖直线交于 d，连线并加粗 cd，即得 CD 的水平投影。

（3）用直角三角形法求出 CD 的实长（以 CD 的水平投影 cd 为一条直角边，C、D 的坐标差 Δz 为另一条直角边，斜边即为所求的 CD 实长）。

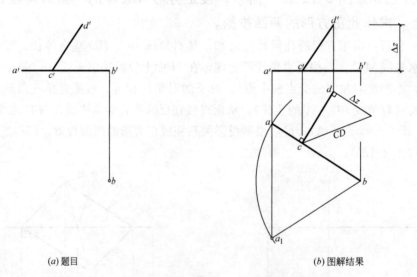

(a) 题目　　　　　　　　　　　(b) 图解结果

图 2-13　求作正交两直线的水平投影及一直线的实长

2-14 已知如图 2-14（a）所示，求作以 AB 为底的等腰三角形 ABC 的两面投影。设其高线的倾角 α 等于 45°、实长等于 AB。

［解］ 分析：由于等腰三角形 ABC 的底边 AB 为水平线，根据直角投影特性可知，其水平投影 ab 应反映与高线投影 dc 的垂直关系。又知高线 DC 的倾角 α 等于 45°、实长等于 AB，于是可由直角三角形法求出 DC 的水平投影长度 dc，从而定出 c。再由 DC 的坐标差 Δz 定出 c'，完成作图。

作图（图 2-14b）：

（1）以高线 CD 的实长（$CD=AB=ab$）为斜边作 $45°$ 底角的直角三角形，则两直角边分别为 CD 的水平投影的长度 cd 和 CD 的坐标差 Δz，显然 $cd=\Delta z$。过 ab 的中点 d 作其中垂线，取 $dc=dc_1$（dc 为高线 DC 一解的水平投影，dc_1 为高线 DC 另一解的水平投影）。

（2）过 c 向上作竖直线，交位于 $a'b'$ 上方并与之相距为 Δz 的水平线于 c'。

（3）连线并加粗折线 acb、$a'c'b'$，即得所求。

讨论：在解题空间允许，且不限制顶点 C 的左右、上下、前后位置的情况下，本例有四解。即顶点 C 可在 AB 边的左前上方、左前下方、右后上方、右后下方。

本例只作出全部解中的两解。

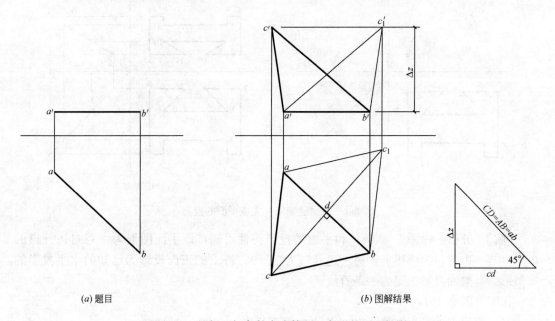

(a) 题目　　　　　　　　　　　　　　　　(b) 图解结果

图 2-14　根据已知条件完成等腰三角形的两面投影

第三章　平面的投影

3-1　已知一平面图形的水平投影和顶点 A 的正面投影 a'（图 3-1a），又知该平面为侧垂面，其倾角 $\alpha=30°$。求作该平面图形的正面投影和侧面投影。

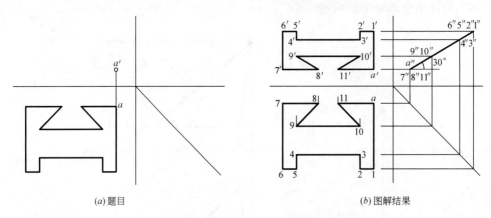

(a) 题目　　　　　　　　　　　　　　　(b) 图解结果

图 3-1　根据已知条件完成平面的投影

［解］　分析：由图 3-1（a）和平面的投影特性可知，该平面图形为一对对边开口的矩形（其一边开口为燕尾形，另一边开口为矩形），待求的正面投影为已知的水平投影的类似形。其侧面投影积聚为一条直线。

作图（图 3-1b）：

（1）根据点的投影规律，求出点 A 的第三投影 a''（图 3-1b）。

由于该侧垂面过点 A，且 $\alpha=30°$，故过 a'' 作与 OY_W 轴成 $30°$ 角的斜线，所求侧垂面一定积聚在该斜线上。

（2）在水平投影中依次用数字 1、2、3…11 标出平面图形的其余顶点，并根据点的投影规律在过 a'' 的 $30°$ 斜线上对应作出 $1''$、$2''$、$3''$…$11''$。

（3）根据点的投影规律，对应求出 $1'$、$2'$、$3'$…$11'$，然后按照水平投影的点序连线 $a'1'2'3'…11'a'$ 并加粗，即得所求平面图形的正面投影。

（4）加粗 $a''1''$ 即得平面图形的侧面投影。

完成作图。

3-2　已知点 D 属于三角形 ABC，设 D 比 B 低 15mm，且在 V 面之前 12mm。求作点 D 的两面投影（图 3-2a）。

［解］　分析：由题意可知，点 D 必须同时满足三个条件，即点 D 属于 $\triangle ABC$，且位于点 B 之下 15mm 的水平面 P、V 面之前 12mm 的正平面 Q。点 D 为三平面的公共点。水平面 P 与 $\triangle ABC$ 的交线为水平线，正平面 Q 与 $\triangle ABC$ 的交线为正平线，两线的交点即为点 D。

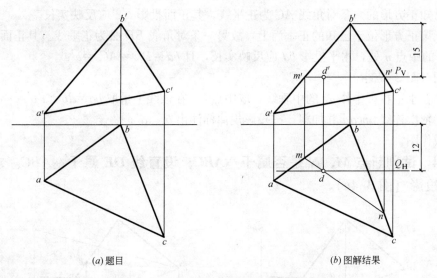

(a) 题目   (b) 图解结果

图 3-2　在给定的平面内确定满足条件的点

作图（图 3-2b）：

（1）依题意作出水平面 P 的积聚投影：其正面迹线 P_V 平行于 OX 轴，且位于 b' 的下方 15mm 处。该平面与△ABC 相交得交线 MN，其正面投影为 $m'n'$，水平投影为 mn。

（2）作正平面 Q 的积聚投影：其水平迹线 Q_H 平行于 OX 轴，且位于 OX 轴的下方 12mm 处（即 V 面的前方 12mm 处）。该平面的水平迹线与 mn 的交点 d 即为所求点的水平投影，其正面投影 d' 可按投影规律求出。

完成作图。

3-3　设正方形 ABCD 属于正垂面 MNKL，又知其对角线 AC 的投影。求作正方形 ABCD 的两面投影（图 3-3a）。

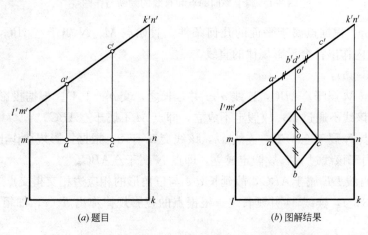

(a) 题目   (b) 图解结果

图 3-3　在给定的平面内确定满足条件的几何图形

［解］　分析：由题意可知，正方形 ABCD 的正面投影应位于正垂面MNKL 的积聚投影 $m'l'n'k'$ 上，因此其正面投影就是 $a'c'$。

由正方形的几何特性可知，该正方形的两对角线在空间垂直等长。

17

现已知正方形的一条对角线 AC 为正平线，其正面投影 a'c' 应反映实长。

由于该正方形位于已知的正垂面上，故另一条对角线 BD 必为正垂线。其正面投影积聚在 a'c' 的中点 o' 处，水平投影 bd 应反映实长，且 bd＝BD＝AC＝a'c'。

作图（图3-3b）：

（1）在水平投影中作 ac 的中垂线，取中点 o，在该线上量取 bo＝do＝a'o'＝c'o'；

（2）依次连线 abcda 并加粗，按投影规律标注出 b'、d'；

完成作图。

3-4 试判断点 M、N 是否属于△ABC；设直线 DE 属于△ABC。求作它的水平投影（图3-4a）。

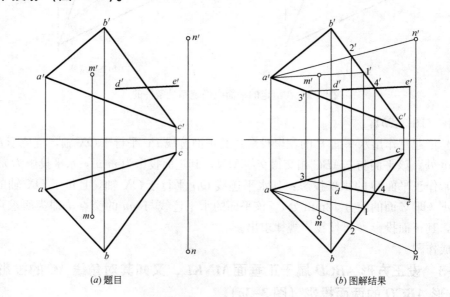

(a) 题目　　　　　　　　　　　　　(b) 图解结果

图3-4 属于平面的点和直线的判断与作图

［**解**］ 分析：根据点属于平面的几何条件，假如点 M、N 属于△ABC，则过点 M、N 可在△ABC 内作出符合投影规律的直线。

作图（图3-4b）：

（1）假定点 M 属于△ABC，连线 a'm' 并延长之，交 b'c' 于 1'。根据投影规律作出 1，连线 a1。由于该线不通过 m，故假定不成立，即点 M 不属于△ABC。

（2）假定点 N 属于△ABC，连线 an，该线交 bc 于 2。根据投影规律作出 2'，连线 a'2' 并延长之。由于该线过 n'，故假定成立，即点 N 属于△ABC。

（3）由于直线 DE 属于 ABC，故延长 d'e' 与三角形的相应边相交得交点 3'、4'。根据投影规律作出 3、4，连线 34 并延长之。根据点的投影规律作出 d、e，加粗 de 段直线即得所求。

完成作图。

3-5 已知如图3-5（a）所示，又知平面 ABCD 的 AB 边平行于 V 面。试补全 ABCD 的 H 面投影。

［**解**］：本例应根据直线属于平面的几何条件作图。

解法一（图 3-5*b*）：

（1）延长 $a'b'$ 和 $d'c'$，两线相交于 $1'$；

（2）根据投影规律在 dc 的延长线上对应作出 1；

（3）由于 AB 为正平线，故 $1b$ // OX 轴，由此得 a、b；

（4）依次连线 $dabca$ 并加粗，即得所求。

解法二（图 3-5*c*）：

（1）过 d' 在平面内作 $d'e'$ // $a'b'$，则 DE 必为正平线，其水平投影 de // OX 轴；

（2）连线 $a'c'$ 交 $d'e'$ 于 f'，过 f' 向下引竖直线交水平横线 de 于 f；

（3）连线 cf 并延长之，与过 a' 向下作的竖直线交于 a；

（4）过 a 作 ab // OX 轴，交过 $c'b'$ 向下作的竖直线于 b；

（5）依次连线 $dabcd$ 并加粗，即得所求。

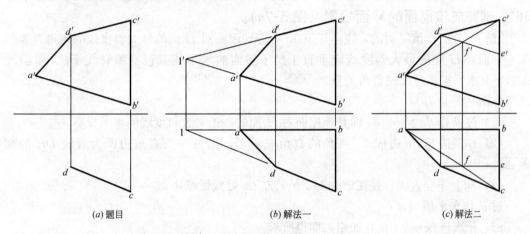

（*a*）题目 　　　　　　　　（*b*）解法一 　　　　　　　　（*c*）解法二

图 3-5　根据已知条件完成平面的投影

3-6　设直线 AB 为某平面内的一条对 H 面的最大斜度线。求作该平面的两面投影和 α 角（图 3-6*a*）。

[**解**]　分析：平面内对 H 面的最大斜度线应垂直于该平面内的水平线，所以过直线

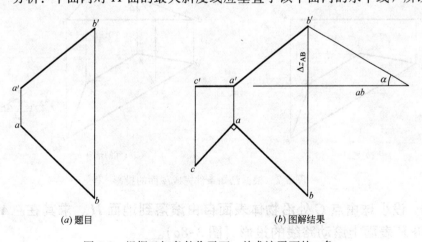

（*a*）题目 　　　　　　　　　　　（*b*）图解结果

图 3-6　根据已知条件作平面，并求该平面的 α 角

AB 上任意点而垂直于 AB 的水平线一定在所求的平面内。故由此水平线与直线 AB 所决定的平面即为所求的平面。

作图（图 3-6b）：

（1）根据直角投影定理，当水平线与一般位置直线 AB 垂直时，其水平投影一定反映直角关系。故过 AB 的端点 A 作一条水平线 AC 垂直于 AB，即 $ac \perp ab$，$a'c' /\!/ OX$ 轴。由 AB、BC 两直线所决定的平面即为所求。

（2）AC 的长度可任取。

（3）根据直角三角形法，求该平面内对 H 面的最大斜度线 AB 的 α 角。在正面投影中，以 ab 为一条直角边，Δz_{AB} 为另一条直角边作直角三角形，其斜边与 ab 边的夹角即为该最大斜度线的 α 角，亦即所求平面的 α 角。

3-7 已知等腰梯形屋面 **ABCD** 的不完全投影，又知该屋面的 α 角等于 **30°**。试完成该屋面的 **V** 面投影（图 3-7a）。

［解］ 分析：该屋面的 α 倾角等于 30°，亦即屋面对 H 面的最大斜度线的倾角为 30°。

屋面对 H 面的最大斜度线应垂直于属于屋面的水平线（包括屋脊线 DC、屋檐线 AB），其水平投影应反映直角关系。

作图（图 3-7b）：

（1）过 d 作 $de \perp ab$。de 即是该屋面对 H 面的一条最大斜度线的水平投影。

（2）作斜边与 de 边成 30°夹角的直角三角形，则另一条直角边即为直线 DE 的高差 Δz。

过 d 向上作竖直线，并在该线的 $a'b'$ 上方 Δz 处截得点 d'。

过 d' 作水平横线 $d'c'$。

（3）依次连线 $a'd'c'b'$ 并加粗，即得所求。

讨论：本例求解的是屋面 ABCD，其屋脊 DC 必在屋檐 AB 的上方，只有一解。

如果求作的是梯形平面 ABCD，且无其他限定条件，则 DC 有可能在 AB 的下方，有两解。

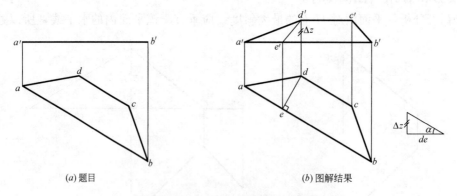

(a) 题目　　　　　　　　　　　　　　　(b) 图解结果

图 3-7　根据已知条件完成屋面的投影

3-8 设小球由点 **G** 处沿物体表面自由滚落到地面 **H**。求其在△**ABC** 和四边形 **BCEF** 表面上滚动路线的投影（图 3-8a）。

［解］ 分析：小球自点 G 处沿物体表面自由滚落的轨迹是平面内对 H 面的最大斜度

线。小球在两个平面上依次滚过，其轨迹是两个平面内的两条对 H 面最大斜度线的集合。小球在△ABC 上的滚动轨迹的终点就是小球在四边形 BCEF 上滚动轨迹的起点。

作图（图 3-8b）：

（1）首先，在△ABC 内作一条水平线，如 BI，即 $b'1'/\!\!/OX$ 轴。根据投影关系求出 $b1$。

（2）过 g 作 $gm\perp b1$，且交 bc 于 m。

（3）作 $mn\perp fe$，交 fe 于 n。

（4）根据投影关系求出 m'、n'，连线 GM、MN 的两个投影，即得所求。

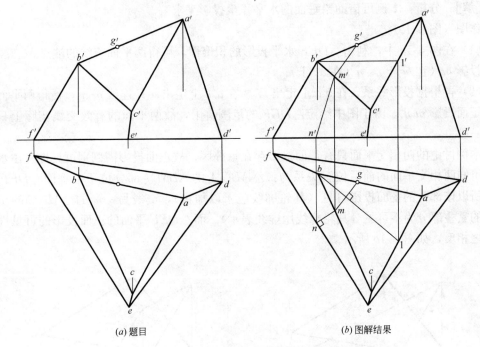

(a) 题目　　　　　　　　　　(b) 图解结果

图 3-8　求作小球在物体表面上滚动路径的投影

第四章　直线与平面、平面与平面的相对位置

4-1 如图 4-1（a）所示，设一般位置平面△ABC 与铅垂面△DEF 相交。求作交线，并判别可见性。

[解] 分析：本例可借助铅垂面的水平积聚投影来求解。

作图（图 4-1b）：

（1）在图 4-1b 中，利用△DEF 水平投影的积聚性，可得两平面交线的端点 M、N 的水平投影 m（在 bc 上）、n（在 ac 上）；

（2）再根据投影关系，在 b'c' 上定出 m'，在 a'c' 上定出 n'；连线 m'n'，便得两平面交线的正面投影 m'n'。由于图中给定△DEF 的范围有限，故两平面的有效交线实际上只有 KN 一段。

本例讨论的两相交平面只有正面投影存在重叠区，故正面投影需判别可见性。由水平投影可知两相交平面的前后位置关系为：△ABC 上的 ABMN 部分位于铅垂面△DEF 之前，所以该部分的正面投影可见（其轮廓线应予以加粗），交线另一侧的△MNC 的正面投影的重叠部分为不可见（其轮廓线用虚线表示）。而△DEF 平面的正面投影的可见性正好与之相反，如图 4-1b 所示。

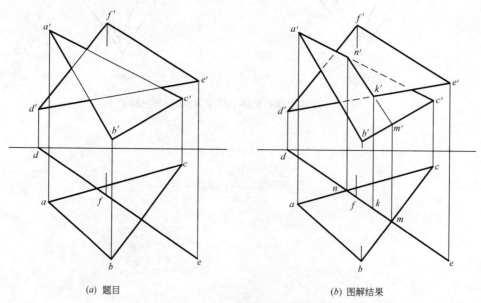

(a) 题目　　　　　　　　　　　　　　(b) 图解结果

图 4-1　一般位置平面与铅垂面相交

4-2 如图 4-2（a）所示，已知矩形 *ABCD* 的 *AB* 边的两面投影 a'b'、ab 和 *BC* 边的正面投影 b'c'。试完成该矩形的两面投影。

[解] 分析：由于矩形的四个内角均为 90°，故本题涉及两直线相交成直角的问题。

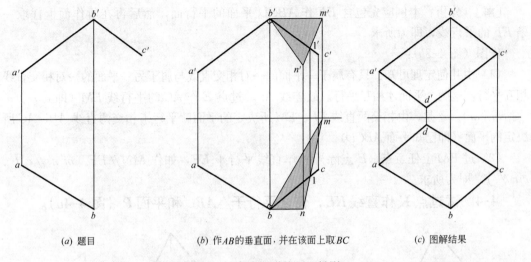

(a) 题目　　　　　　(b) 作AB的垂直面，并在该面上取BC　　　　　　(c) 图解结果

图 4-2　完成矩形的两面投影

但图中给定的矩形各边均不是投影面平行线，因此各个角的投影均不可能反映为 $90°$。

本例图解的关键是根据已知条件，设法作出 BC 边的水平投影 bc。对于矩形的相邻两边而言，$BC \perp AB$，那么 BC 必位于过点 B 且垂直于 AB 边的平面内。一旦作出此平面的两面投影后，就可利用从属关系，依据 $b'c'$ 求出 bc（图 4-2b）。最后，按矩形对边相互平行的"不变性"关系就可完成作图。

作图（图 4-2b、c）：

（1）首先，过点 B 作 AB 的垂直面：即过点 B 作水平线 $BM \perp AB$，作正平线 $BN \perp AB$，连接 MN 得垂直于 AB 的 $\triangle BMN$。

（2）然后，在该平面内依据从属关系作出 BC 边的水平投影 bc；由 $b'c'$ 与 $m'n'$ 的交点 $1'$，根据投影关系作出 1，于是便可定出 bc。

（3）最后，补全矩形的两面投影（图 4-2c），即完成作图。

4-3　已知直线 $EF /\!/ AB /\!/ CD$（图 4-3a）。试包含 EF 作平面平行于已知平面 $ABCD$（要求用 EF 的平行线表示所作平面）。

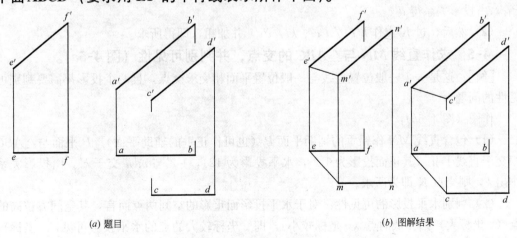

(a) 题目　　　　　　　　　　　　　　　　(b) 图解结果

图 4-3　包含直线 EF 作平面（用 EF 的平行线表示），使之平行于平面 $ABCD$

23

［解］ 分析：本例应先包含 EF 作 $ABCD$ 平面的平行面，然后再在所作面上任取一条 EF 的平行线，即为所求。

作图（图 4-3b）：

（1）由几何定理可知：只有属于一平面的一对相交直线与属于另一平面的一对相交直线相互平行，这两个平面才相互平行。故连线 AC，过点 E 作 AC 的平行线 EM（即 $e'm'$ ∥ $a'c'$、em ∥ ac）。于是，由相交两直线 EF、EM 所决定的平面就平行于相交两直线 AB、AC 所决定的平面（即已知平面 $ABCD$）。

（2）过 EM 上任意点（E 点除外）作直线平行于 EF，如作 MN ∥ EF（$m'n'$ ∥ $e'f'$、mn ∥ ef）即为所求。

4-4 试过点 K 作直线 KL，使之平行于△ABC 和平面 P（图 4-4a）。

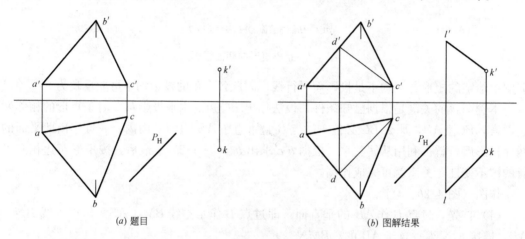

(a) 题目　　　　　　(b) 图解结果

图 4-4　过点 K 作直线 KL，使之平行于△ABC 和平面 P

［解］ 分析：过点 K 作两已知平面交线的平行线，即为所求。而两已知平面交线的水平投影应重影于 P 平面的水平迹线 P_H。该交线的空间平行线有无穷多条。

作图（图 4-4b）：

（1）首先，在△ABC 内任作一条水平投影平行于 P_H 的平行线，如过点 C 作 dc ∥ P_H，由投影关系得 $d'c'$。

（2）然后，过 K 点作 $k'l'$ ∥ $d'c'$、kl ∥ dc，并加粗，即得所求。

4-5 求作直线 MN 与△ABC 的交点，并判别可见性（图 4-5a）。

［解］：这是一个一般位置直线与一般位置平面相交求交点，且两个投影都需要判别可见性的问题。

作图（图 4-5b）：

（1）包含直线 MN 作铅垂的辅助平面 P（也可作正垂的辅助平面）。P 平面与△ABC 相交于直线 Ⅰ Ⅱ（其正面投影为 $1'2'$，水平投影为 12），$1'2'$ 与 $m'n'$ 交于 k'。由投影关系作出 k，则交点 K 即为所求。

（2）判别水平投影的可见性：对于水平投影面重影的空间两点而言，其空间方位高的点（z 坐标大）挡住低的点（z 坐标较小），即 z 坐标较大的点的水平投影可见，z 坐标较小的点水平投影不可见。为此，选择两交叉直线的一对水平重影点，如 1（3）向上引投

24

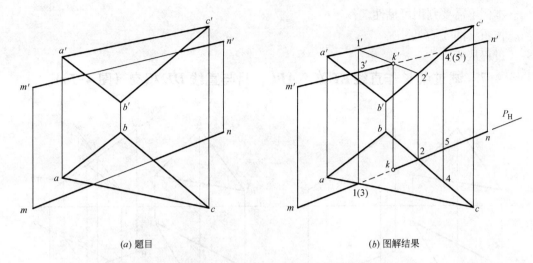

(a) 题目

(b) 图解结果

图 4-5　求直线 MN 与 $\triangle ABC$ 的交点，并判别可见性

影线，$1'$ 属于 $a'c'$，在上；$3'$ 属于 $m'n'$，在下。上遮下，故 mk 段的重叠部分不可见，画成虚线。反之，kn 段可见，画成粗实线。

（3）判别正面投影的可见性：对于正立投影面重影的空间两点而言，其空间方位前的点（y 坐标大）挡住后的点（y 坐标较小），即 y 坐标大的点正面投影可见，y 坐标小的点正面投影不可见。为此，选择两交叉直线的一对正面重影点，如 $4'$（$5'$）向下引投影线，4 属于 bc，在前；5 属于 mn，在后。前遮后，故 $k'n'$ 段的重叠部分不可见，画成虚线。反之，$k'm'$ 段可见，画成粗实线。

4-6　已知如图 4-6（a）所示，试过点 M 作直线与 AB、CD 均相交。

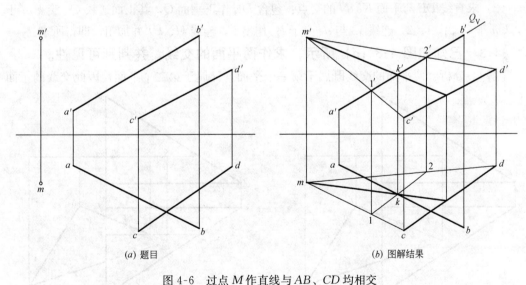

(a) 题目

(b) 图解结果

图 4-6　过点 M 作直线与 AB、CD 均相交

［解］　分析：本例稍加变化，即可转换为例 4-5 所提问题。

把点 M 与直线 CD 看作一个一般位置的平面，求直线 AB 与上述平面的交点 K。连线 MK 并延长，使之与 AB、CD 都相交，即得所求。

本例不需要判别可见性。

作图（图 4-6b）：

过程从略。

4-7 试过点 K 作直线 KL∥△ABC，且与直线 DE 相交（图 4-7a）。

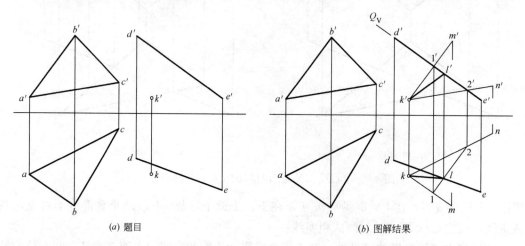

(a) 题目   (b) 图解结果

图 4-7 过点 K 作直线 KL∥△ABC，且与直线 DE 相交

［解］ 分析：先过点 K 作平面 KMN 平行于△ABC，则所求直线一定位于该平面内。再求直线 DE 与平面 KMN 的交点 L，连线 KL 即为所求。

作图（图 4-7b）：

（1）作 $k'm'∥a'b'$、$km∥ab$、$k'n'∥a'c'$、$kn∥ac$，则平面 MKN∥△ABC。

（2）求直线 DE 与平面 KMN 的交点：包含 DE 作正垂面 Q，其正面迹线 Q_V 交 $k'm'$ 于 $1'$，$k'n'$ 于 $2'$。作 1、2，连线 12 与 de 交于 l；作出 l'，连线 kl、$k'l'$ 并加粗，即得所求。

4-8 已知如图 4-8（a）所示，求作两平面的交线，并判别可见性。

［解］ 分析：两平面的交线既属于第一个平面，又属于第二个平面，因此交线的正面

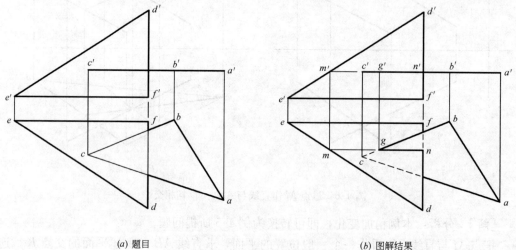

(a) 题目   (b) 图解结果

图 4-8 求作两平面的交线，并判别可见性

26

投影必位于△ABC的正面积聚投影上。由此，本例转化为已知交线的正面投影，求作其水平投影的作图问题，按面上取线的方法图解即可。

作图（图4-8b）：

（1）扩大水平面ABC，其与△DEF的交线的正面投影为$m'n'$，且$m'n' // e'f'$。再根据投影关系确定m，作$mn // ef$，mn交bc边于g。依投影关系作出g'，加粗gn，则GN即为两平面的有效交线。

（2）判别可见性：本例只有水平投影需要判别可见性。从正面投影可知，△DEF的DMN部分位于水平面△ABC之上。该部分的水平投影应可见，画成粗实线；被该部分挡住的△abc部分的轮廓不可见，画成虚线。反之，交线gn的另一侧，△abc可见，画成粗实线；被挡住的△def部分的轮廓不可见，画成虚线。

4-9 完成三棱锥被 P 平面截切后剩余部分的投影（图4-9a）。

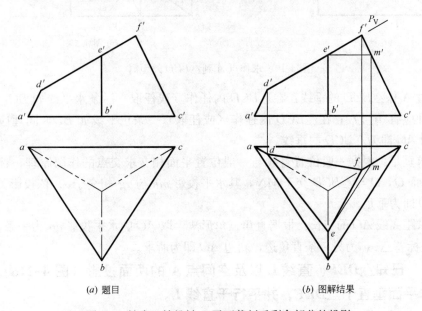

(a) 题目　　　　　　　　　(b) 图解结果

图4-9　补全三棱锥被 P 平面截割后剩余部分的投影

［解］　分析：这是一个求平面交线的问题。平面 P 与三棱锥的三个棱面均相交，三条交线形成一个闭合的三角形，其顶点位于三条棱线上。

作图（图4-9b）：

（1）依投影关系，在过 A、C 的棱线上作出三角形截断面 DEF 的顶点 D、F 的水平投影d、f。

（2）在棱面 BCFE 内作$EM // BC$（即$e'm' // b'c'$、$em // bc$），EM与棱线 FC 相交于M，与棱线 EB 相交于E。连线de、ef、fd并加粗，即得切口三角形的投影。

（3）再加粗有效棱线的水平投影ad、be、cf，即得所求。

4-10 求作点 A 到△BCD 的距离（图4-10a）。

［解］　分析：过点 A 所作平面△BCD 的垂线应垂直于该平面内的所有直线（包括水平边 BC 和正平边 BD），点 A 与垂足间的距离即为所求。

作图（图4-10b）：

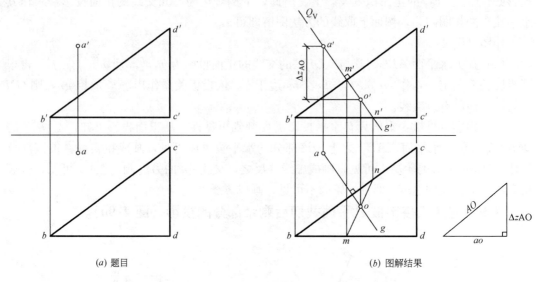

(a) 题目   (b) 图解结果

图 4-10　求作点 A 到△BCD 的距离

（1）过 A 作△BCD 的垂线：在△BCD 内任作（或任取）一条水平线如 BC，根据直角投影定理应有 $ag \perp bc$；在△BCD 内任作（或任取）一条正平线如 BD，同理应有 $a'g'$ $\perp b'd'$。则 AG 即为△BCD 的垂线。

（2）求垂足：根据一般位置直线与一般位置平面相交求交点的作图原理，首先包含 AG 作正垂面 Q，Q 与△BCD 交于 MN，其水平投影 mn 与 ag 相交于 o。依投影关系作出 o'，则点 O 即为垂足。

（3）求距离线 AO 的实长：根据直角三角形法，取 AO 的水平投影 ao 为一条直角边，AO 的 z 坐标差 $\triangle z_{AO}$ 为另一条直角边，斜边 AO 即为所求。

4-11　已知△DEF、直线 L 以及空间点 A 的两面投影（图 4-11a）。要求过点 A 作平面垂直于△DEF，并平行于直线 L。

［解］　分析：根据既定的作图条件，所求平面必须包含一条△DEF 的垂直线和一条

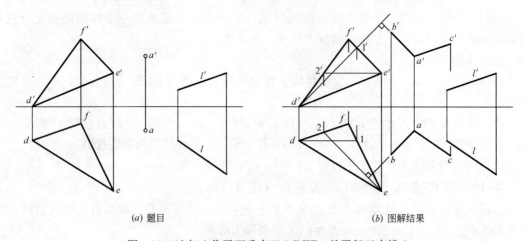

(a) 题目   (b) 图解结果

图 4-11　过点 A 作平面垂直于△DEF，并平行于直线 L

28

直线 L 的平行线。为此，先过点 A 作 $\triangle DEF$ 的垂直线 AB，再过点 A 作直线 L 的平行线 AC，相交两直线 AB、AC 所决定的平面，即为所求。

作图（图 4-11b）：

(1) 在 $\triangle DEF$ 内任作一条正平线，如 $D\,\mathrm{I}$（$d1$，$d'1'$）和水平线 $E\,\mathrm{II}$（$e2$，$e'2'$）。

(2) 过点 A 作 $\triangle DEF$ 的垂直线 AB，即 $a'b'\perp d'1'$、$ab\perp e2$。

(3) 过点 A 作直线 L 的平行线 AC，即 $a'c'\,/\!/\,l'$、$ac\,/\!/\,l$。

为此，过点 A 所作的相交两直线 AB、AC 所决定的平面即为所求。

4-12 已知直线 AB 及线外的一点 K（图 4-12a），求作点 K 到 AB 的距离。

[解] 分析：如图 4-12（b）所示，为了求线外一点 K 到直线 AB 的距离，应先过点 K 作已知直线 AB 的垂直面 R。然后求出已知直线 AB 与所作垂面 R 的交点 L，连线 K、L。则 KL 就是过点 K 所作的 AB 的垂线（L 为垂足），KL 的实长即为所求。

作图（图 4-12c）：

(1) 先过点 K 作平面垂直于直线 AB（该平面用相交于点 K 的正平线 KD、水平线 KF 表示），具体作图为：过 k 作 $kd\,/\!/\,OX$ 轴，过 k' 作 $k'd'\perp a'b'$；过 k' 作 $k'f'\,/\!/\,OX$ 轴，过 k 作 $kf\perp ab$；则相交两直线 KD、KF 所确定的平面即为直线 AB 的垂直面 R。

(2) 利用线面交点法求直线 AB 与垂直面 R 的交点 L，具体作图为：包含 AB 作投影面的垂直面如正垂的辅助平面 P，其正面迹线 P_V 重影于 $a'b'$；平面 P 与平面 R 相交得交线 $\mathrm{I}\,\mathrm{II}$，即 P_V 与 $k'd'$ 相交于 $1'$，与 $k'f'$ 相交于 $2'$，按投影关系求出 1、2；连线 12 与 ab 相交于 l，再求出 l'，则 L 即为直线 AB 与平面 R 的交点。

(3) 连线 K、L，并求其实长。具体作图为：分别连线 $k'l'$、kl，得垂线 KL 的两面投影。用直角三角形法求出 KL 的实长，即为所求（图 4-12c）。

本例涉及垂直、相交、距离、从属等多种定位和度量关系的问题。

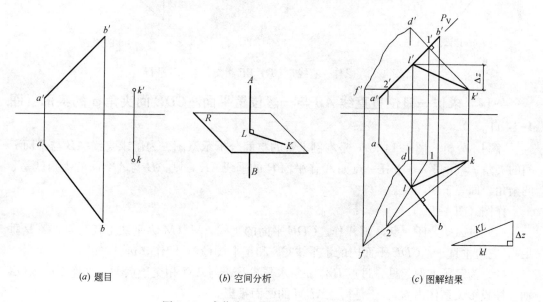

(a) 题目   (b) 空间分析   (c) 图解结果

图 4-12 求作点 K 到一般位置直线的距离

4-13 已知三交叉直线 *AB*、*CD*、*EF* 的两面投影（图 4-13*a*）。求作一直线与 *CD*、*EF* 相交，与 *AB* 平行。

[解] 分析：与 *EF* 相交且平行于 *AB* 的直线可有无穷多，于是构造了一个包含 *EF* 且平行于 *AB* 的平面 *P*（图 4-13*b*），从而满足了题意的部分要求。再设法求出 *CD* 与平面 *P* 的交点 *K*，然后过点 *K* 作 *AB* 的平行线 *KL*，即能满足全部作图要求。

作图（图 4-13*c*）：

（1）过点 *E* 作直线 *EM∥AB*，即 $e'm'\parallel a'b'$、$em\parallel ab$，则 *EM*、*EF* 相交，构成了一个与 *AB* 平行的辅助平面 *P*。

（2）利用线面交点法求 *CD* 与平面 *P* 的交点 *K*，具体作图为：包含 *CD* 作投影面的垂直面，如正垂的辅助平面 *R*，其正面迹线 R_V 重影于 $c'd'$。平面 *R* 与平面 *P* 相交得交线 Ⅰ Ⅱ，即 R_V 与 $e'f'$ 相交于 $1'$，与 $e'm'$ 相交于 $2'$；按投影关系求出 1、2。连线 12 与 *cd* 相交于 *k*，再求出 k'，则 *K* 即为直线 *CD* 与平面 *P* 的交点。

（3）过点 *K* 作 *AB* 的平行线与 *EF* 相交于 *L*，直线 *KL*（$k'l'$，kl）即为所求（图 4-13*c*）。本例涉及平行、相交、从属等多种定位和度量关系的问题。

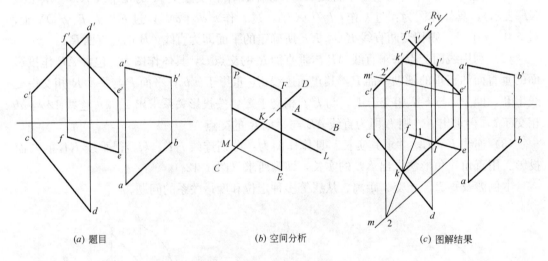

(a) 题目　　　　　　　(b) 空间分析　　　　　　　(c) 图解结果

图 4-13　求作一直线与 *CD*、*EF* 相交，与 *AB* 平行

4-14 求作一般位置直线 *AB* 与一般位置平面△*CDE* 间夹角 φ 的实形（图 4-14*a*）。

[解] 分析：图 4-14（*b*）是本例求解的空间分析示意图。为了求直线 *AB* 与平面 *P* 间的夹角 φ，可过 *AB* 上任一点如 *A* 作平面 *P* 的垂线 *AK*，则 *AB* 与 *AK* 间的夹角就是 φ 的余角，即等于 $90°-\varphi$。

作图（图 4-14*c*）：

（1）过 *AB* 上任一点，如 *A* 作△*CDE* 平面的垂线 *AM*（*M* 为垂线上任一点，不是垂足）。它应垂直于△*CDE* 平面内的水平线 *CF* 和正平线 *CG*，即作 $a'm'\perp c'g'$、$am\perp cf$。

（2）为解题方便起见，过点 *B* 作一条水平线 *BM* 与 *AM* 相交于点 *M*，即作 $b'm'\parallel OX$ 轴。按投影关系作出 *bm*。于是得△*ABM* 的两面投影。

（3）求△*ABM* 的实形（图 4-14*d*），具体作图为：利用直角三角形法分别求出 *AB*、

30

AM 边的实长，再加上 BM 边的实长（BM 边的水平投影 bm 反映其实长），故可作出 $\triangle ABM$ 的实形，如图 4-14d 所示（$\triangle ABM$ 在空间一般不是直角三角形。这是因为点 M 不是垂足的缘故）。图 4-14d 中的 $\angle MAB = 90° - \varphi$，从而可定出角 φ 即得所求。

本例涉及角度、垂直、平行、相交、从属等多种定位和度量关系的问题。

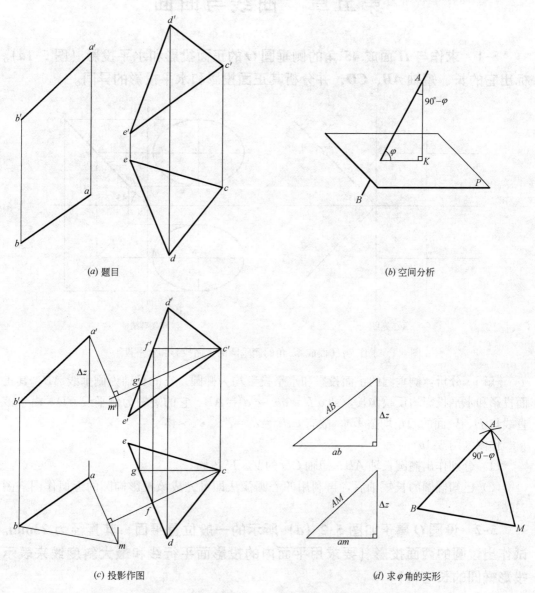

(a) 题目

(b) 空间分析

(c) 投影作图

(d) 求 φ 角的实形

图 4-14　求作一般位置直线 AB 与一般位置平面 $\triangle DEF$ 间的夹角 φ

第五章　曲线与曲面

5-1　求作与 *H* 面成 45°角的侧垂圆 *O* 的正面投影和水平投影（图 5-1*a*）。标出它的长、短轴 *AB*、*CD*，并分析其正面投影和水平投影的异同。

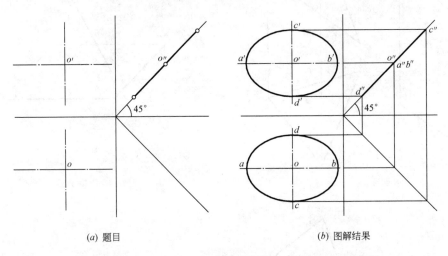

(*a*) 题目　　　　　　　　　　　　　(*b*) 图解结果

图 5-1　求作与 *H* 面成 45°角的侧垂圆的正面投影和水平投影

［解］　分析：侧垂圆的正面投影和水平投影均为椭圆。它的长轴为侧垂线 *AB*，其正面投影和水平投影均反映实长，即 $a'b'=ab=c''d''=AB$。它的短轴为侧平线 *CD*，由于该直线与 *H*、*V* 面的倾角均是 45°，故有 $c'd'=cd=c''d'' \cdot \cos45°$。

作图（图 5-1*b*）：

(1) 分别作出椭圆长轴 *AB*、短轴 *CD* 的 *V*、*H* 投影；

(2) 已知椭圆的长短轴后，再利用四心圆弧法即可完成该投影椭圆的近似作图（图 5-1*b*）。

5-2　设圆 *O* 属于如图 5-2（*a*）所示的一般位置平面，其直径为 **23mm**。试作出该圆的两面投影（要求用平面内的投影面平行线和最大斜度线来表示投影椭圆的长短轴）。

［解］　分析：圆 *O* 的正面投影为椭圆，其作法是：先作出属于平面且过圆心 *O* 的正平线；在该线上直接量取圆 *O* 的直径长度作为投影椭圆的长轴。然后作出属于平面且过圆心 *O* 的 *V* 面最大斜度线（投影椭圆短轴的所在直线）；再利用直角三角形法在该线上确定出投影椭圆短轴的 *V* 面投影。最后用四心圆弧法画出投影椭圆即可。同理，作圆 *O* 的水平投影椭圆。

作图（图 5-2*d*）：

(1) 作圆 *O* 的正面投影椭圆：过圆心 *O* 在平面内作正平线 Ⅰ Ⅱ（$1'2'$，12）；在 $1'2'$

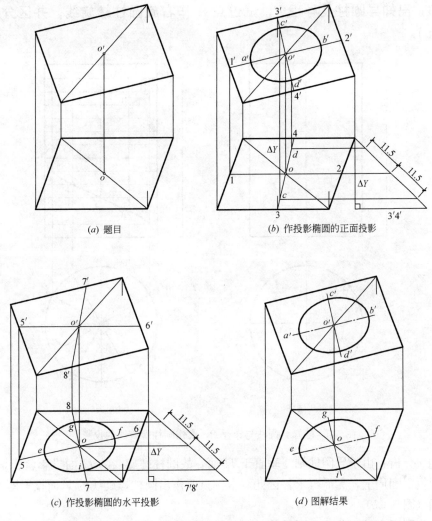

(a) 题目

(b) 作投影椭圆的正面投影

(c) 作投影椭圆的水平投影

(d) 图解结果

图 5-2 求作属于一般位置平面的圆的正面投影和水平投影

上量取 V 面投影椭圆的长轴，即 $a'o' = o'b' = 11.5$mm。过圆心 O 作平面内对 V 面的最大斜度线 ⅢⅣ（$3'4'$，34），则 $3'4' \perp 1'2'$。利用直角三角形法求出 ⅢⅣ 的实长。在该实长线上量取 23mm，作出与之对应的正面投影长度 $c'd'$；将 $c'd'$ 移画到正面投影中，使 $c'o' = o'd'$，则 $c'd'$ 即为圆 O 正面投影椭圆的短轴（图 5-2b）。

（2）已知 V 面投影椭圆的长、短轴，利用四心圆弧法即可完成该投影椭圆的近似作图。

（3）同理，作圆 O 的水平投影椭圆（图 5-2c），其长轴为 ef、短轴为 gi。

完成作图（图 5-2d）。

需要说明的是：这两个投影椭圆的长、短轴属于椭圆平面内的四条不同直径，其 V、H 投影没有对应关系。这种利用四心圆弧法所作出的椭圆圆周上的中间点没有严格意义的投影对应关系，为近似作图。

本例也可逐点作出椭圆圆周上四条不同直径的端点 A、B、C、D、E、F、G、I 的另一面投影，然后连线完成作图。

33

5-3 已知导圆柱及导程 P，试过点 A 作右旋圆柱螺旋线，并区分可见性（图 5-3a）。

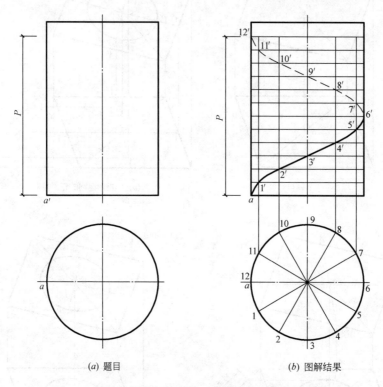

(a) 题目　　　　　　　　　(b) 图解结果

图 5-3　已知导圆柱与导程 P，求作圆柱螺旋线的投影

［解］　分析：由于导圆柱轴线垂直于 H 面，故圆柱螺旋线的 H 面投影就积聚在导圆柱的柱面投影圆周上，无需再求。因此，本例只要作出圆柱螺旋线的 V 面投影即可。

作图（图 5-3b）：

（1）将圆周和导程分为相同的等份，如 12 等份。在 V 面投影中过各等份点作水平线（纬圆的 V 面投影）；而 H 面投影圆周上的各等份点则是母线旋转到各位置时的积聚投影。在水平投影中，自 a 逆时针依次标注出相应的数字，并作出过各分点的素线的正面投影。

（2）在正面投影中，标出各素线正面投影与对应水平线的交点，如素线Ⅰ的正面投影与自下而上所作的第一条水平线的交点，即为动点 A 在母线旋转 30° 后上升的位置，标注为 $1'$。其余点的作法如此类推。

（3）用光滑曲线依次连接各点。

（4）判别可见性：自动点 A 的起始位置至第Ⅵ点的圆柱螺旋线位于导圆柱的前半部分。它的 V 面投影可见，画成粗实线；其余不可见，画成虚线。

完成右旋圆柱螺旋线的投影作图（图 5-3b）。

5-4 求作斜截圆柱的 W 面投影及其表面上点 A、B、C 和线段 DE 的另外两个投影（图 5-4a）。

［解］　分析：斜截圆柱的上底为椭圆，其正面投影积聚为直线，水平投影为圆（已

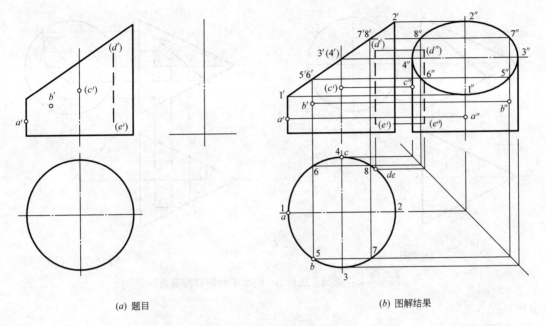

(a) 题目   (b) 图解结果

图 5-4　完成斜截圆柱及其表面上点、线的投影

知)，侧面投影仍为椭圆。该椭圆的长轴为正垂线Ⅲ Ⅳ，其侧面投影 $3''4''$ 反映实长，且等于该圆柱的直径。短轴为正平线 Ⅰ Ⅱ，其正面投影 $1'2'$ 为该空间椭圆正面积聚投影的全长（图 5-4b）。

作图（图 5-4b）：

(1) 作出斜截圆柱上底的侧面投影椭圆，其长轴为 $3''4''$，短轴为 $1''2''$。为了较准确地作出该投影椭圆，在圆柱的上底椭圆圆周的水平投影上取 5、6、7、8 四个一般点，作出这四个点的另两面投影如图 5-4b 所示。

(2) 依次光滑地连接 $1''$、$5''$、$3''$、$7''$、$2''$、$8''$、$4''$、$6''$、$1''$各点成椭圆。由该斜截椭圆的倾斜方向可知，该投影椭圆可见，画成粗实线；继而完成斜截圆柱的侧面投影（图 5-4b）。

(3) 由于点 A、B、C 和线段 DE 属于圆柱表面，利用柱面的水平积聚投影依次作出它们的 H、W 面投影：

(4) 判别可见性：点 A 位于柱面的最左素线上，其水平投影积聚在圆周上，侧面投影可见；点 B 位于柱面的左前部分，其水平投影积聚在圆周上，侧面投影可见；点 C 位于柱面的最后素线上，其水平投影积聚在圆周上，侧面投影可见；线段 DE 位于柱面的右后部分，其水平投影也积聚在圆周上，侧面投影不可见，画成虚线。

5-5　已知圆锥面上线段 ABC 的正面投影，求作它的其余投影（图 5-5a）。

[解] 分析：根据圆锥的几何特性可知，线段 ABC 的正面投影虽为一条直线，但由于它不过锥顶，故为一段椭圆弧。为求此椭圆弧的水平投影和侧面投影，只要求出椭圆弧上一系列点的水平投影和侧面投影，然后顺次光滑地连接各点的同面投影，并判别可见性，即得所求。

点 A、B、C 为椭圆弧上的特殊点（点 B 位于锥面的水平投影转向轮廓线上，是曲线的水平投影可见与不可见的分界点）。它们决定椭圆弧的起止和投影的可见性，必须全部

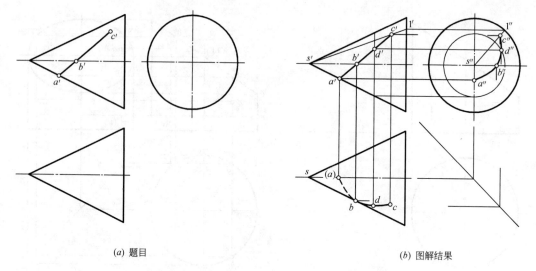

(a) 题目

(b) 图解结果

图 5-5　求作锥面上线段 AC 的水平投影和侧面投影

求出（图 5-5a）。

作图（图 5-5b）：

（1）点 A 位于圆锥的最下素线，由 a′ 可直接求得 a、a″（图 5-5b）。

（2）点 B 位于圆锥的最前素线，由 b′ 可直接求得 b、b″。

（3）求作点 C 的另外两个投影，需利用素线法或纬圆法作图：图中用素线法过点 C 作素线 SI，由 s′1′ 求得 s″1″，然后求得 c″ 和 c。

（4）为使所作曲线更加准确，再在 ABC 上取若干个一般点，如点 D，利用过点 D 的纬圆或素线（图中作出过点 D 的侧平纬圆）。该纬圆垂直于锥面的侧垂轴线，其侧面投影反映实形；继而求得 d″，再求得 d。

（5）顺次光滑地连接各点的同面投影，并判别可见性。由于 AB 段曲线位于圆锥面的下半部，其水平投影不可见，画成虚线。BDC 段曲线位于圆锥面的上半部，其水平投影可见，画成粗实线。对于侧面投影，a″b″d″c″ 都可见，画成粗实线，完成作图。

5-6　求作属于前半个圆球表面的组合曲线 ABCDE 的其余两个投影（图 5-6a）。

［解］分析：球面上没有直线。曲线 AB、BCDE 在空间都是圆弧。

圆弧 AB 平行于 W 面，其侧面投影反映实形，水平投影积聚为直线；圆弧 BCDE 所在平面倾斜于 H 面和 W 面，其水平投影和侧面投影都是椭圆弧。

作图（图 5-6b）：

（1）点 A 位于球面上正平的赤道圆上，对应求出 a、a″；点 B 位于球面上水平的赤道圆上，对应求出 b、b″；用粗实线连接 a、b，即得 AB 弧的水平投影。以 a′b′ 为半径，球心 o″ 为圆心，起止于 a″、b″ 作四分之一圆周，并加粗（AB 弧位于左前上八分之一球面，其侧面投影可见），即得 AB 弧的侧面投影。

（2）点 D 位于球面上侧平的赤道圆；点 E 位于球面上正平的赤道圆，属于特殊点，应根据投影关系一一作出它们的另外两面投影。为作球面上一般点 C 的另外两个投影，

36

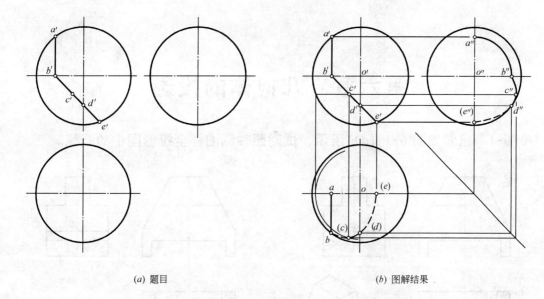

(a) 题目   (b) 图解结果

图 5-6 求作球面上组合曲线的水平投影和侧面投影

可过点 C 作水平或侧平的辅助纬圆。图中所作为过点 C 的水平辅助纬圆，其水平投影为实形圆，继而求出 c，再求出 c''。

（3）顺次光滑地连接 B、C、D、E 点的各同面投影。

（4）判别可见性：曲线 $BCDE$ 位于前下四分之一球面上，其水平投影不可见，画成虚线。曲线 BCD 位于左前四分之一球面上，其侧面投影可见，画成粗实线。曲线 DE 位于右前四分之一球面上，其侧面投影不可见，画成虚线。

完成作图（图 5-6b）。

第六章　几何体的投影

6-1　已知如图 6-1 (*a*) 所示，试对照轴测图补全投影图中的漏线。

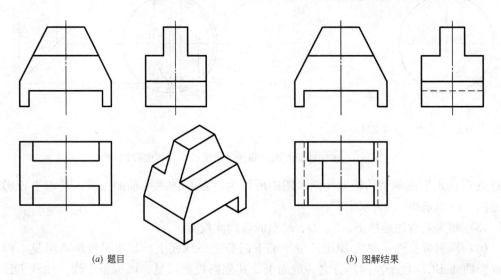

(*a*) 题目　　　　　　　　　　　　　　　(*b*) 图解结果

图 6-1　对照轴测图补全投影图中的漏线

[解]　分析：根据轴测图和正面投影可知，该形体的下方正中纵向挖切出一个垂直于 *V* 面的通槽；其侧面投影中槽的顶面和水平投影中槽的左、右端面均为不可见的积聚投影，应画成虚线表示。该形体的左上角和右上角均为倒置的"*T*"形正垂面。它们左右对称，其水平投影应为类似形。

作图：如图 6-1 (*b*) 所示。

6-2　已知如图 6-2 (*a*) 所示，试补画出投影图中的漏线。

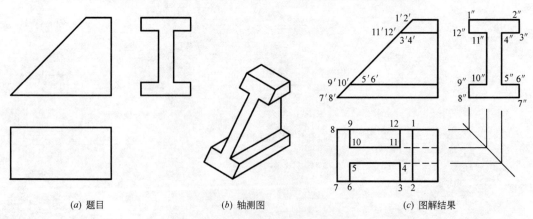

(*a*) 题目　　　　　　(*b*) 轴测图　　　　　　(*c*) 图解结果

图 6-2　补画投影图中的漏线

[解] 分析：这是一个截面为"工"字形的十二棱柱，其空间形象为图 6-2 (b)。显然，该棱柱的全部棱线与棱面均垂直于 W 面。本例作图的关键是正垂的"工"字形斜截面，根据正垂面的投影特性，其水平投影和侧面投影均为类似形。

作图：如图 6-2 (c) 所示，用数字顺序标出斜截面的侧面投影和正面投影，作出其水平投影，并按原点序逐点顺次连线加粗。水平投影中，将棱柱上下水平梁的连接部分可见的积聚投影加粗，不可见的积聚投影画成虚线。正面投影中则补画出上横梁底面和下横梁顶面的积聚投影，完成作图。

6-3 已知平面立体的正面投影和侧面投影（图 6-3a），求作其水平投影。

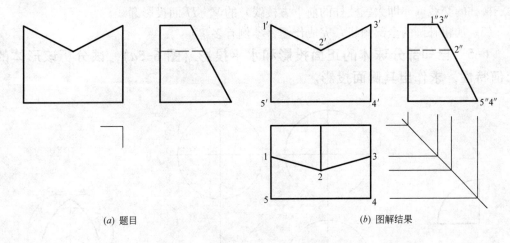

(a) 题目　　　　　　　　　　　(b) 图解结果

图 6-3 已知立体的两面投影，求作第三投影

[解] 分析：这是一个具有侧垂的斜截面的五棱柱，其全部棱线与棱面均垂直于 V 面。根据侧垂面的投影特性，该侧垂面的正面投影和水平投影均为类似形。本例作图的关键在于该侧垂面。

作图：作出棱线正垂的五棱柱的水平投影的主要轮廓；在正面投影和侧面投影中用数字顺序标注出侧垂斜截面的各个顶点，作出其水平投影，并逐点顺次连线，加粗全部图线。作出两正垂斜面交线（正垂线）的水平投影，完成作图（图 6-3b）。

6-4 已知如图 6-4 (a) 所示，试补画出各投影图中的漏线。

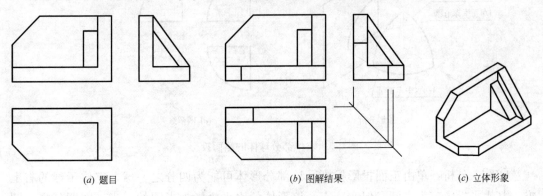

(a) 题目　　　　　　　　(b) 图解结果　　　　　　(c) 立体形象

图 6-4 补画投影图中的漏线

39

［解］　分析：这是一个由四个基本体经切割、叠加、靠齐形成的一个组合体。其背板和底板均为切角的四棱柱，右端两块三棱柱板紧贴，左小右大，且其右端面与底板、背板的右端面共面，背面紧贴背板的前表面。该形体的空间形象如图 6-4（c）所示。

作图（图 6-4b）：

（1）补画出背板左上方切角的 H、W 面投影漏线。

（2）补画出底板左前方切角的 V、W 面投影漏线。

（3）补画出小三棱柱的水平投影。

（4）补画出背板顶面与大三棱柱的交线（亦即大三棱柱的最上棱线）、底板前表面与大三棱柱的交线（亦即大三棱柱的前下方棱线）的 V、H 面投影漏线。

（5）加粗补画的全部图线，完成作图（本例有多解）。

6-5　已知部分球体的正面投影和水平投影（图 6-5a），试分析该形体的几何特性，求作出其侧面投影。

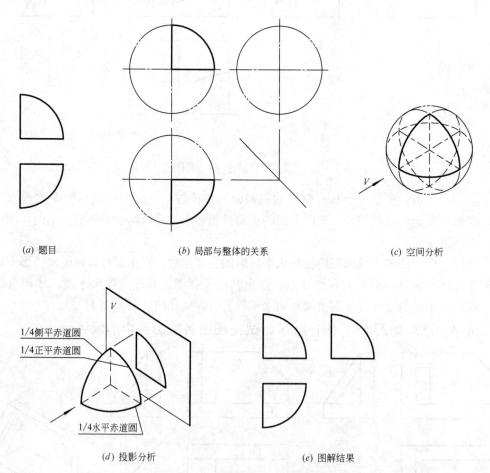

(a) 题目　　　　(b) 局部与整体的关系　　　　(c) 空间分析

(d) 投影分析　　　　　　　(e) 图解结果

图 6-5　求作部分球体的侧面投影

［解］　分析：单由正面投影推断，该部分形体可能为四分之一球，它位于球的右上方，其水平投影应为半圆；但实际上，该形体的水平投影为半圆的一半，即四分之一圆（位于整圆的前上方）。因此可得结论，该部分形体是八分之一球。该八分之一球与整球的

40

关系如图 6-5（b）、图 6-5（c）所示。

作图（图 6-5e）：

（1）其正面投影中的左侧直线为侧平面（亦即四分之一侧平赤道圆）的积聚投影；下方直线为水平面（亦即四分之一水平赤道圆）的积聚投影；圆弧为四分之一正平赤道圆的实形投影；三图线围合的可见区域为球面的投影（图 6-5d）。

（2）其水平投影中的左侧直线为侧平面（亦即四分之一侧平赤道圆）的积聚投影；后方直线为正平面（亦即四分之一正平赤道圆）的积聚投影；圆弧为四分之一水平赤道圆的实形投影；三图线围合的可见区域为球面的投影。

（3）其侧面投影中的正平直线为正平面（亦即四分之一正平赤道圆）的积聚投影；下方直线为水平面（亦即四分之一水平赤道圆）的积聚投影；圆弧为四分之一侧平赤道圆的实形投影；三图线围合的可见区域为该八分之一球体左侧的平面。

6-6 已知如图 6-6（a）所示，求作斜椭圆柱的侧面投影及该柱面上点 **A**、**B**、**C** 和线段 **DE**、**EF** 的其余投影。

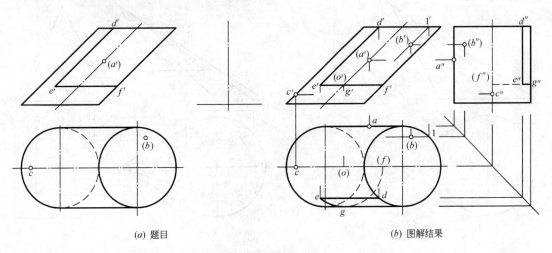

（a）题目　　　　　　　　　　　　　　（b）图解结果

图 6-6　求作斜椭圆柱的侧面投影及柱面上点、线的其余投影

[**解**]　分析：该形体的上、下水平底面均为圆，其任意部位的水平截断面（包括属于柱面的水平线段）也应为圆（或圆弧）。由于其轴线倾斜，故其正截面（与轴线垂直的截断面）为椭圆，因此称之为椭圆柱。该柱面上的线段 DE 平行于轴线，故其在空间为直线；线段 EF 平行于底面，故为水平圆弧，其半径与底圆的半径相同。

作图（图 6-6b）：

（1）作出斜椭圆柱的侧面投影。

（2）点 C 位于该柱面的最左素线上，由 c 按投影关系求出 c′、c″。

（3）点 A 位于该柱面的最后素线上，由 a′ 按投影关系求出 a、a″。

（4）点 B 位于该柱面的后下方一般素线上，过 b 作出该素线的水平投影（平行于轴线的同面投影）交顶圆于 1，从而作出 1′。由 1′ 作出该素线的正面投影，并依据投影关系作出 b′、b″。由于点 B 位于后半个柱面上，故其正面投影 b′ 不可见，加括号表示；点 B 位于右半个柱面上，其侧面投影 b″ 不可见，加括号表示。

（5）线段 *DE* 为直线，其各面投影均应与轴线的同面投影平行。端点 *D* 位于顶圆上，依投影关系作出 *d′*、*d″*；过 *d′*、*d″* 作同面投影轴线的平行线，并按投影规律作出 *e*、*e″*。由于 *DE* 位于柱面左前方，故其水平与侧面投影均可见。连线各同面投影并加粗，即为所求。

（6）线段 *EF* 是水平圆弧，其圆心位于轴线上的 *O* 点处，由 *o′* 求出 *o*；以 *o* 为圆心，*o′f′* 为半径在 *e*、*f* 间画弧（端点 *F* 位于柱面的最右素线上，*f*、*f″* 均不可见）。

（7）*EF* 弧的最前点 *G* 位于柱面的最前素线上。该点为 *EF* 弧线 *H*、*W* 面投影可见性的分界点，即 *EG* 段曲线位于左半个柱面上，其水平投影和侧面投影均可见，画成粗实线。*GF* 段曲线位于右半个柱面上，其水平投影和侧面投影均不可见，画成虚线，完成作图（图 6-6*b*）。

6-7 已知如图 6-7（*a*）所示，求作斜椭圆锥的侧面投影及其锥面上点 *A*、*B*、*C* 和线段 *SD*、*DE* 的其余投影。

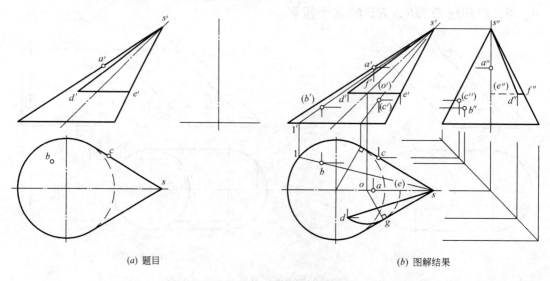

(*a*) 题目   (*b*) 图解结果

图 6-7 求作斜椭圆锥的侧面投影及锥面上点、线的其余投影

［解］　分析：该锥体的水平底面为圆，其任意部位的水平截断面与锥体的交线（包括表面的水平线段）也应为圆（或圆弧）。由于该锥体轴线倾斜，故其正截面（与轴线垂直的截断面）为椭圆，因此称之为椭圆锥。该锥面上的线段 *SD* 过锥顶，其在空间为直素线；线段 *DE* 平行于底面，故为水平圆弧。

作图（图 6-7*b*）：

（1）作出斜椭圆锥的侧面投影。

（2）点 *A* 属于锥面的最左素线，由 *a′* 按投影关系求出 *a*、*a″*。

（3）点 *B* 属于锥面后上方的一般素线。过 *b* 作出该素线的水平投影（通过锥顶），交底圆于 1。由 1′ 作出该素线的正面投影，并依据从属关系作出 *b′*、*b″*。由于点 *B* 位于后半个锥面上，故其正面投影 *b′* 不可见，加括号表示；点 *B* 同时位于左半个锥面上，其侧面投影 *b″* 可见。

（4）点 *C* 属于锥面水平投影的转向素线。该素线的正面投影如图 6-7（*b*）所示求出，

42

从而可根据从属关系求出 c'、c''。由于点 C 位于后半个锥面上，故其正面投影 c' 不可见，加括号表示；点 C 同时位于右半个锥面上，其侧面投影 c'' 不可见，加括号表示。

(5) 线段 DE 是水平圆弧，其圆心位于轴线上的 O 点处，由 o' 求出 o；以 o 为圆心，$o'e'$ 为半径在 d、e 间画弧（E 点属于锥面的最右素线，e、e'' 均不可见）。

(6) DE 弧与轴线的正面重影点为 F，其水平投影 f 位于锥面过底圆最前点的素线上（该素线不是锥面水平投影的转向轮廓线，图中未作出），侧面投影 f'' 位于锥面侧面投影的转向轮廓线上；$d''f''$ 可见，加粗；$f''e''$ 不可见，画成虚线。

(7) DE 弧的水平投影可见性判断：过 de 弧的圆心 o 作锥体水平投影转向素线的垂线，得垂足 g（g'、g'' 图中未求出），即为 DE 弧的水平投影可见与不可见的分界点。dg 弧可见，画成粗实线；ge 弧不可见，画成虚线。

(8) 线段 SD 过锥顶为直线，按投影规律直接连线 sd、$s''d''$；由于 SD 位于锥面的左前方，故其水平投影 sd 与侧面投影 $s''d''$ 均可见，加粗。

完成作图（图 6-7b）。

6-8 已知正三棱锥的两面投影及锥面上 DE 线段的正面投影（图 6-8a），求作该锥体的侧面投影和线段 DE 的其余投影。

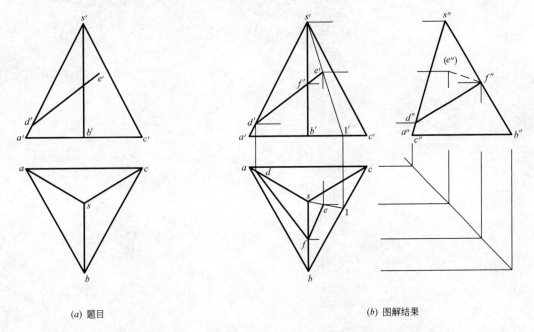

(a) 题目　　　　　　　　　　　　　(b) 图解结果

图 6-8　求作正三棱锥的侧面投影及锥面上线段的其余投影

[解]　分析：正三棱锥的正面投影轮廓为等腰三角形，其侧面投影应依投影关系作出。显然，它不可能是一个等腰三角形。该三棱锥的棱面△SAB、△SBC 为一般位置的平面。棱面△SAC 为侧垂面，其侧面投影具有积聚性。线段 DE 位于两个棱面，为空间折线，转折点 F 属于棱线 SB。

作图（图 6-8b）：

(1) 依投影关系作出该三棱锥的侧面投影。

(2) 点 D 属于棱线 SA，由 d' 按投影关系求出 d、d''。

（3）点 E 属于棱面△SBC，由线面的从属关系，可过点 E 在该棱面上任作辅助线来求作 e、e''。图中连线 $s'e'$ 并延长交 $b'c'$ 于 $1'$，从而作出 $s1$，继而依投影关系求得 e、e''。

（4）线段 DE 的转折点 F 属于棱线 SB，可由 f' 按投影关系先求出 f''，再求出 f。

（5）分别连线 D、F、E 的水平投影和侧面投影。由于棱面△SAB、△SBC 水平投影可见，属于这两个棱面的 af、fe 可见，予以加粗。

（6）由于棱面△SAB 的侧面投影可见，属于该棱面 DF 线段可见，$d''f''$ 加粗。棱面△SBC 的侧面投影不可见，属于该棱面 FE 线段不可见，$f''e''$ 画成虚线。

整理后完成作图（图 6-8b）。

第七章　平面与立体相交

7-1　已知如图 7-1 (*a*) 所示，试补全四棱柱被两个投影面垂直面截切后的 *V*、*H*、*W* 面投影。

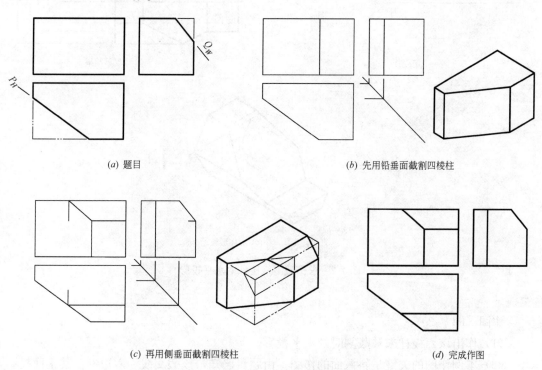

(*a*) 题目　　　　　　　　　　　　　(*b*) 先用铅垂面截割四棱柱

(*c*) 再用侧垂面截割四棱柱　　　　　　　(*d*) 完成作图

图 7-1　补全四棱柱被两个截切面截割后的三面投影

[**解**]　分析：图 7-1 (*a*) 所示形体的三个不完全投影的轮廓均为矩形或切角矩形，可知该形体为四棱柱切角。同时截割该四棱柱的有两个截平面（铅垂的 *P* 平面和侧垂的 *Q* 平面），故作图时应逐个画出所产生的截交线。取其有效部分，最后画出两截平面的交线。

作图（图 7-1*b*）：

(1) 作四棱柱被铅垂面 *P* 截割后的投影，其截断面的 *V*、*W* 面投影均为矩形。

(2) 作四棱柱被侧垂面 *Q* 截割后的投影，其理想截断面的 *V*、*H* 面投影也是矩形（图 7-1*c*）。

(3) 画出两截平面的交线，加粗有效区段，完成作图（图 7-1*c*、*d*）。

7-2　已知如图 7-2 (*a*) 所示，求作截切六棱柱的水平投影。

[**解**]　分析：依题意同时截割该六棱柱的有两个截平面（水平的 *P* 平面和正垂的 *Q* 平面），故作图时应逐个画出所产生的截交线，并取其有效部分，同时应画出两截平面的

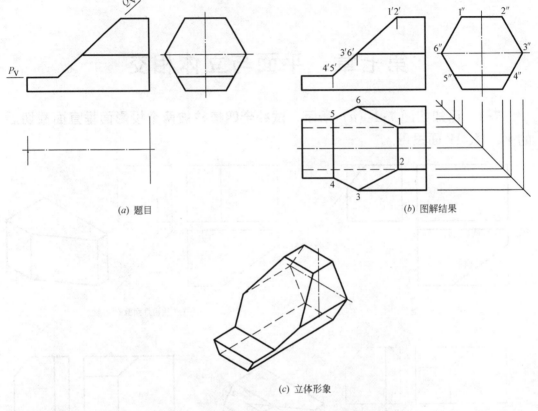

(a) 题目

(b) 图解结果

(c) 立体形象

图 7-2　求作截割六棱柱的水平投影

交线。

作图（图 7-2b）：

（1）作出该六棱柱未被截割时的水平投影。

（2）本例作图的关键是斜截面的作图。由题目已知，该截交线为六边形，其正面投影积聚在正垂的截切面 Q 上。侧面投影为空间形状的类似形（即六边形 $1''2''3''4''5''6''1''$，除 $4''5''$ 外都重影在棱柱的柱面积聚投影上，$4''5''$ 重影在平面 P 的侧面积聚投影上），水平投影亦为类似形。依投影规律用数字顺次标出截交线正面投影的各个顶点 $1'$、$2'$、$3'$、$4'$、$5'$、$6'$ 和侧面投影的对应顶点 $1''$、$2''$、$3''$、$4''$、$5''$、$6''$。按投影规律作出其水平投影 1、2、3、4、5、6，逐点连线成封闭的图形。由平面 Q 的倾斜方位可知，该截交线的水平投影可见，予以加粗。

（3）至于水平的截平面 P 与六棱柱表面所得的截交线，其空间形状为矩形。它的正面投影和侧面投影均积聚为水平直线；水平投影反映实形，可见，截交线画出后予以加粗。其中，边线Ⅳ Ⅴ为两截平面的交线。

点Ⅰ、Ⅱ位于最上的两条棱线，其右侧部分为有效棱线，水平投影可见，加粗。

点Ⅲ、Ⅵ分别位于最前、最后的两条棱线，其右侧部分为有效棱线，水平投影可见，加粗。

（4）最下的两条棱线没有被截切，其水平投影不可见，画成虚线（最下两条棱线与最

46

上两条棱线的水平投影重影，根据水平投影"上遮下"的原则，重影于 1、2 右侧的最下两条棱线的虚线部分被粗实线挡住反映不出来）。

该截割体的空间形象如图 7-2（c）所示，整理后完成作图（图 7-2b）。

7-3 已知如图 7-3（a）所示，试完成正四棱台被截割后的 V、H 投影。

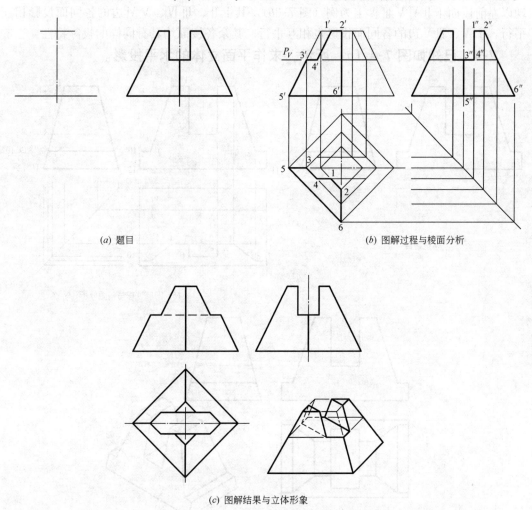

(a) 题目　　　　　　　　　　(b) 图解过程与棱面分析

(c) 图解结果与立体形象

图 7-3　完成正四棱台被截割后的 V、H 面投影

［**解**］　分析：这是一个被三平面组合截割（一个水平面和两个正平面）的正四棱台，根据侧面投影可知，该形体前后对称。由正四棱柱台的几何特性可知，该形体左右也对称。且水平的截平面与棱台表面交线均应为正方形（包括棱台的顶面和底面）。

作图（图 7-3b）：

（1）作出未被截割的正四棱台的 V、H 面投影，其上、下底均为正方形（水平投影反映实形），且棱台的锥顶应符合投影规律。将属于上底的左前棱面的有效部分的 V、H 面投影加粗。

（2）作水平的截切面 P 与棱台表面的交线——正方形，将属于左前棱面的有效部分的 V、H 投影，加粗。

47

（3）三截平面均为投影面的平行面，其积聚的 V、H 面投影，加粗；不可见的正面投影部分画成虚线；三截平面两两相交，其交线重影在截平面的积聚投影上。

加粗截切后的有效棱线，完成作图（图 7-3c）。

投影分析：该棱台的四个棱面均为一般位置的平面，其 W、V、H 投影均是类似形。现以左前棱面 ⅠⅡⅥⅤⅧⅣⅠ 为例（图 7-3b），其 ⅠⅡ、ⅢⅣ、ⅤⅥ 边的各同面投影相互平行，ⅠⅣ、ⅢⅤ 边的各同面投影也相互平行。其余各棱面均具有同样的投影特性。

7-4 已知如图 7-4（a）所示，求作平面立体的水平投影。

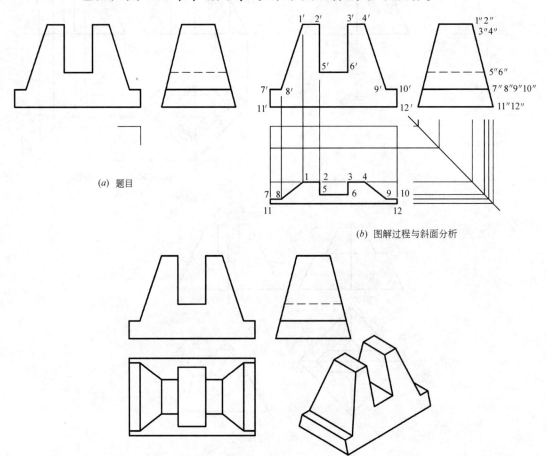

(a) 题目

(b) 图解过程与斜面分析

(c) 图解结果与立体形象

图 7-4 求作平面立体的水平投影

［解］ 分析：本例未被截割时的原形为四棱柱，其棱线和棱面均垂直于 W 面，正截面为等腰梯形。参与截切的截平面有七个：三个水平的截切面，两个正垂的截切面，两个侧平的截切面。该形体左右对称，前后对称。其前后两个表面均为侧垂的十二边形，故相应的水平投影应为类似形。

作图（图 7-4b）：

（1）作未被截割的原形四棱柱的水平投影。

（2）根据"斜面的投影是类似形"这一投影特性，用数字顺次标出该形体侧垂的前表面的 V、W 面投影，对应作出其水平投影。

48

（3）根据该形体的前后对称关系，作出其对称的后表面的 *H* 面投影。

（4）七个截平面两两相交，作出交线的水平投影。

（5）加粗全部图线，完成作图（图7-4c）。

7-5　已知如图 7-5（*a*）所示，求作组合体的水平投影。

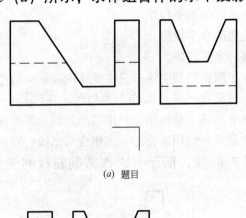

(*a*) 题目

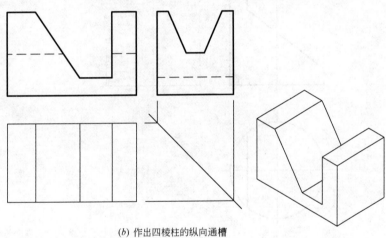

(*b*) 作出四棱柱的纵向通槽

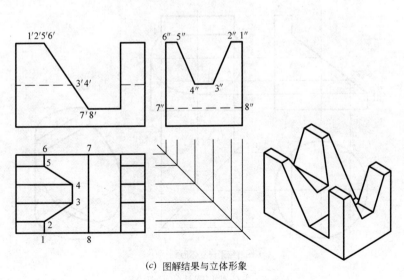

(*c*) 图解结果与立体形象

图 7-5　求作组合体的水平投影

49

[解] 分析：该形体未被截割时的原形为四棱柱，其上部由左至右开一通槽（参与截切的是两个侧垂面和一个水平面），由前至后开一通槽（参与截切的截平面是一个正垂面，一个水平面和一个侧平面）。由图 7-5（a）可知该形体前后对称。

作图（图 7-5b）：

（1）作出开槽前四棱柱的水平投影。

（2）再作出纵向通槽的水平投影。

（3）作出横向通槽的水平投影。

本例的关键作图在于两通槽的交线，它主要体现在纵向通槽的正垂截面上。该截断面的正面投影积聚，侧面投影和水平投影均为类似形。在已知的 V、W 面投影中依次标出该截断面的顶点，对应求出其水平投影，并根据原始的点序连成封闭的平面图形。画出截平面两两相交的交线和截平面的积聚投影，加粗全部图线，完成作图（图 7-5c）。

7-6 已知如图 7-6（a）所示，求作截割圆柱的侧面投影。

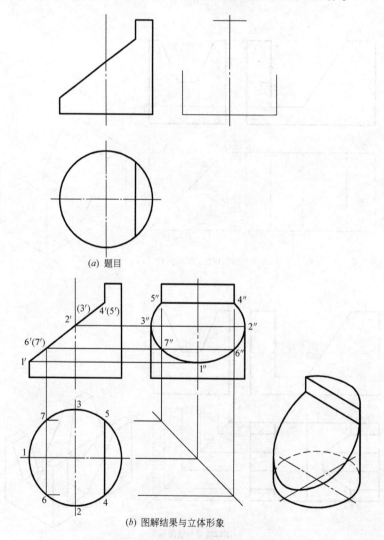

(a) 题目

(b) 图解结果与立体形象

图 7-6 求作截割圆柱的侧面投影

［解］　分析：该圆柱被一个正垂面和一个侧平面截割。正垂面截割圆柱，其截交线为椭圆弧。该弧的水平投影积聚在柱面的水平投影圆周上，侧面投影为类似形——椭圆弧。侧平的截平面截割柱体，得矩形的截交线，其正面投影和水平投影积聚为已知线段，侧面投影反映实形。

该截割圆柱体前后对称，其截交线亦前后对称。

作图（图 7-6b）：

（1）作出待截割圆柱的侧面投影。

（2）作椭圆弧截交线上的全部特殊点。在已知的 V、H 面投影中标出截交线椭圆弧的最左、最下点 I、最前点 II、最后点 III，最右最上点 IV 和 V，依投影规律作出它们的侧面投影。

（3）作椭圆弧截交线上的一般点。在已知的椭圆弧上的适当位置取一般点如点 VI，并根据该截交线的前后对称关系取其对称点 VII，作出它们的侧面投影。

（4）依 IV、II、VI、I、VII、III、V 的点序，顺序光滑地连接它们的侧面投影，并予以加粗，即得椭圆弧截交线的侧面投影。

（5）作侧平的截平面截割圆柱的截交线矩形的侧面投影，该矩形的边线 IV V 亦即两截平面的交线（图 7-6b）。

（6）对于侧面投影而言，该截割圆柱体的转向轮廓线（亦即最前、最后素线）II、III 之下有效，予以加粗。

完成作图（图 7-6b）。

7-7　已知如图 7-7（a）所示，求作截割圆台的水平投影和侧面投影。

［解］　分析：该圆台被两个正垂面截割。由圆锥截交线的投影特性可知，过锥顶的正垂面与锥面的交线为两条直素线；而另一正垂面因与轴线倾斜，其锥面的交线为椭圆弧。

该截割圆台前后对称，其截交线亦前后对称。

作图（图 7-7b）：

（1）作出待截割圆台的侧面投影，其锥顶和上、下底圆应符合投影关系。

（2）作椭圆弧截交线上的全部特殊点：最左最下点 I，最前点 II，最后点 III（延长椭圆弧截交线的正面积聚投影与圆台的最右素线相交，其中点即为椭圆弧截交线的最前、最后点的积聚投影，亦即椭圆弧所在椭圆轴线的端点），最右最上点 IV、V，以及 W 面转向轮廓线上的点 VIII、IX。

I、VIII、IX 属于锥面上特殊位置的素线，由 $1'$、$8'$、$9'$ 可按投影关系在对应的素线投影上求得 $1''$、$8''$、$9''$ 和 1、8、9。

（3）过锥顶 S 作 IV、V 所在直素线的正面投影 $s'4'$、$s'5'$（亦可作辅助纬圆），并延长之与底圆相交。作出这两条辅助素线的水平投影 $s4$、$s5$，从而求得 4、5，然后求得 $4''$、$5''$。

（4）过 $2'$（$3'$）作辅助的水平纬圆（亦可作辅助素线），其水平投影反映该纬圆的实形，从而求得 2、3，然后求得 $2''$、$3''$。

（5）作椭圆弧，截交线上的一般点：在椭圆弧截交线的正面投影的适当位置取一般点 VI，再依截交线的前后对称关系得对称点 VII；过 $6'$（$7'$）作辅助的水平纬圆（亦可作辅

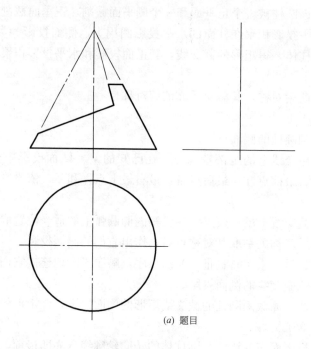

(a) 题目

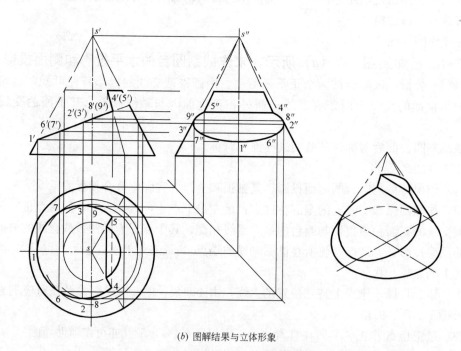

(b) 图解结果与立体形象

图 7-7　求作截割圆台的水平投影和侧面投影

素线）。该纬圆的水平投影反映实形，从而求得 6、7，然后求得 6″、7″。

　　（6）依次光滑地连接Ⅳ、Ⅷ、Ⅱ、Ⅵ、Ⅰ、Ⅶ、Ⅲ、Ⅸ、Ⅴ的水平投影和侧面投影，加粗后即得椭圆弧截交线的水平投影和侧面投影。

　　（7）过Ⅳ、Ⅴ分别向锥顶引直素线，加粗其与圆台顶面之间的部分图线，即得这两条直素线截交线的水平投影和侧面投影。具体为在水平投影中，自 4、5 向反映实形的圆台顶面水平圆弧的端点引粗实线，并对应作出其侧面投影。

（8）连线Ⅳ Ⅴ为两截平面的交线，其水平投影不可见，画成虚线；侧面投影可见，画成粗实线。

（9）对于侧立投影面而言，该形体的转向轮廓线（亦即最前、最后素线）Ⅷ、Ⅸ点之下有效，予以加粗。

整理后完成作图（图 7-7b）。

7-8　已知如图 7-8（a）所示，求作半球被截割后的水平投影和侧面投影。

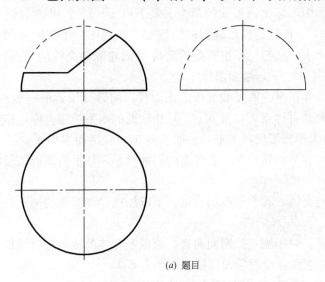

(a) 题目

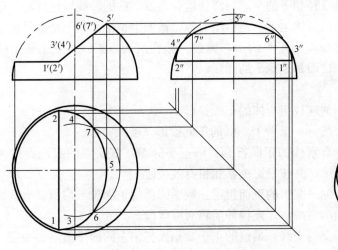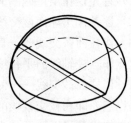

(b) 图解结果和立体形象

图 7-8　求作半球被截割后的水平投影和侧面投影

［解］　分析：图 7-8（a）所示半球被一水平面与一正垂面截割。截交线的空间形状都是圆弧。水平的截切面与半球面的交线为水平圆弧，其水平投影反映实形，侧面投影积

53

聚为水平直线。正垂的截切面与半球面的截交线为正垂的圆弧，其水平投影和侧面投影均为椭圆弧。

该形体前后对称，其截交线亦前后对称。

作图（图 7-8b）：

（1）作出待截割半球的侧面投影。

（2）作水平的截割面与半球交线——水平圆弧的投影。该段圆弧的端点为Ⅰ、Ⅱ，其水平投影反映实形，侧面投影积聚为直线，依投影关系可直接作出，并加粗有效区段。

（3）作正垂的截割面与半球交线（属于正垂面的一段圆弧，其水平投影和侧面投影均为椭圆弧）的投影。在正面投影中，标出该弧线的最左、最下点 $1'(2')$、W 面转向轮廓线上的点 $3'(4')$、最右最上点 $5'$。它们是投影椭圆的特殊点（本例中限于作图空间，该投影椭圆弧的长轴的两个端点未求，它们位于正垂截切面与 V 面轮廓圆交线的中点），依投影关系可直接求出 $1''$、$2''$、$3''$、$4''$、$5''$，继而求得 1、2、3、4、5。

作投影椭圆弧上的一般点。在正垂的圆弧截交线的正面投影的适当位置取一般点 $6'$，再依该截交线的前后对称关系取其对称点 $7'$，过 $6'(7')$ 作辅助的水平纬圆（亦可作侧平或正平的辅助纬圆）。该纬圆的水平投影反映实形，从而求得 6、7，继而求得 $6''$、$7''$。

依次光滑地连接Ⅰ、Ⅲ、Ⅵ、Ⅴ、Ⅶ、Ⅳ、Ⅱ各点的同面投影，加粗后即得该段截交圆弧的 H、W 面投影椭圆弧。

（4）直线ⅠⅡ是两截平面的交线，其水平投影可见，予以加粗。该线段的侧面投影重影于水平截交弧的积聚投影上。

（5）侧面转向轮廓线的处理。对于侧立投影面而言，该截割球体的转向轮廓线Ⅲ、Ⅳ之下有效，加粗 $3''$、$4''$ 之下的轮廓弧，整理后即得所求（图 7-8b）。

7-9 已知如图 7-9（a）所示，求作组合体的正面投影。

［解］ 分析：该形体由直径相等的半球与圆柱组合而成，柱的轴线通过球心。球、柱的表面光滑连接，无交线。该形体上下、前后均对称，被四个正平面、三个侧平面截割。

四个正平的截切面均截球面为正平的 180°圆弧，截柱面为直素线；三个侧平的截割面，不切球，只切柱，且截柱面都是侧平的圆弧。

作图（图 7-9b）：

（1）首先，作出待截割的球柱组合体的正面投影。

（2）逐条作出球面截交线——正平 180°弧的正面投影，反映实形。

（3）作柱面截交线——直素线的正面投影：以正平的 180°截交弧的起讫点作为直素线的起点作圆柱轴线的平行线，并按投影关系加粗有效区段。

（4）作柱面截交线——侧平圆弧的正面投影：侧平圆弧的正面投影均积聚为直线，它们的起讫点亦即在截交素线的右端点，连接并加粗对应区段。

（5）作出截平面两两相交的交线：最前的正平截割面与偏左的侧平截割面相交，其交线重影于侧平截交弧的正面投影，不予画出。

（6）居中的正平截割面与偏右的侧平截割面相交，其交线的正面投影不可见，画成虚线。

整理后完成作图（图 7-9b）。

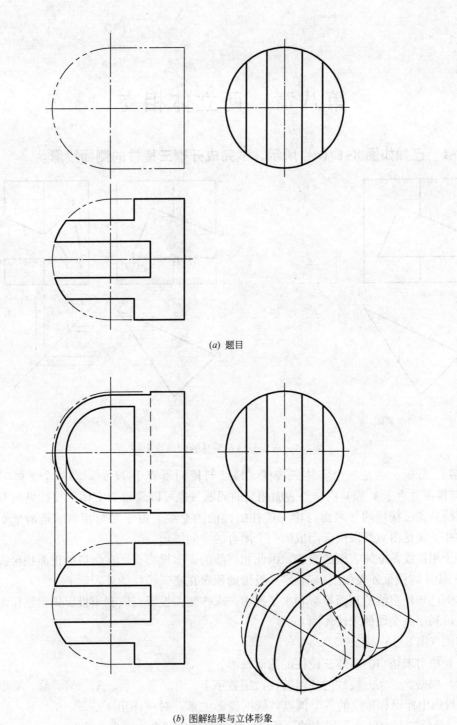

(a) 题目

(b) 图解结果与立体形象

图 7-9 求作组合体的正面投影

第八章 两立体相交

8-1 已知如图 8-1 (a) 所示，试完成开槽三棱柱的侧面投影。

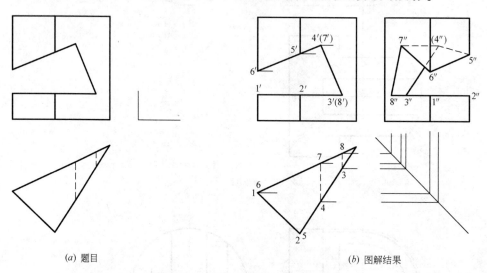

(a) 题目　　　　　　　　　　　　　　　　　　(b) 图解结果

图 8-1　求作开槽三棱柱的侧面投影

[解] 分析：这是一个实体三棱柱（棱线与棱面垂直于 H 面）和一个虚体三棱柱（棱线与棱面垂直于 V 面）内、外表面相交的问题（也可以理解为实体三棱柱纵向开槽）。其相贯线是实三棱柱的外表面与虚三棱柱的棱面的交线。由于参与相贯的是两个平面立体，故相贯线是由直线段围合而成的一个闭合的空间图形。

由于相贯线是立体表面的交线，因此相贯线的正面投影重影在切口的正面积聚投影上（即虚三棱柱的积聚外表面上），其水平投影则积聚在实三棱柱的外表面上。

本例已知相贯线的正面投影和水平投影，求作侧面投影。应利用投影积聚性作图（事实上也可利用截交线的求法作图）。

作图（图 8-1b）：

(1) 作出未切口的实体三棱柱的侧面投影。

(2) 根据虚、实三棱柱的几何特性，用数字Ⅰ、Ⅱ、Ⅲ、Ⅳ、Ⅴ、Ⅵ、Ⅶ、Ⅷ顺次在 V、H 投影中标出相贯线的各个顶点，依据投影关系，对应作出 $1''$、$2''$、$3''$、$4''$、$5''$、$6''$、$7''$、$8''$，最后按 V、H 面投影中的原始点序依次连线成闭合的图形。

(3) 在侧面投影中，实体三棱柱的左前棱面和后棱面的投影可见，属于这两个棱面的相贯线 $1''2''$、$5''6''7''8''1''$ 可见，加粗；其余部分不可见，应画成虚线（但 $3''4''$ 没被左侧开口挡住的部分仍为可见，画成粗实线）。$8''1''2''3''$ 属于虚体三棱柱的水平面，其侧面投影积聚为水平横线。

56

（4）在侧面投影中补画出虚体三棱柱的两条有效棱线的投影（即形成开口的三个截平面的两两交线），4″7″不可见，画成虚线；3″8″重影于相贯线 8″1″2″3″上。

（5）实体三棱柱左、前两条棱线分别于Ⅰ、Ⅵ和Ⅱ、Ⅴ间切去，其侧面投影不予画出。

整理后完成作图（图 8-1*b*）。

8-2 已知如图 8-2（*a*）所示，求作三棱柱与三棱锥表面交线的水平投影和侧面投影。

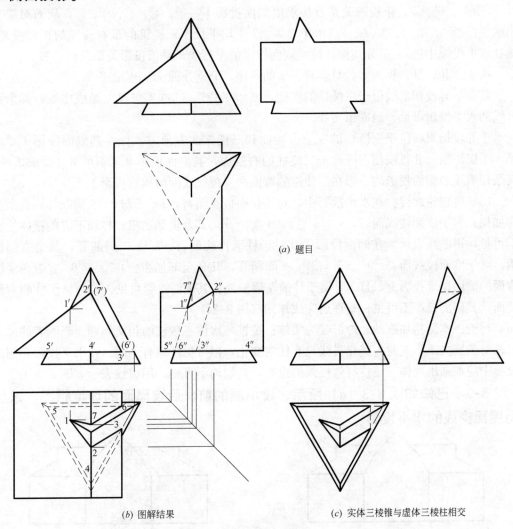

（*a*）题目

（*b*）图解结果　　　　　　　　　　　　　（*c*）实体三棱锥与虚体三棱柱相交

图 8-2　求作三棱柱与三棱锥表面交线的水平投影和侧面投影

［**解**］　分析：这是一个三棱柱与三棱锥外表面相交求交线的问题。

参与相贯的三棱锥仅背面的侧面投影具有积聚性，其余棱面的各面投影均无积聚性。

三棱柱的正面投影具有积聚性。由于相贯线属于三棱柱的外表面，故其正面投影重影于三棱柱三个棱面的积聚投影上。因此，本例已知相贯线的正面投影，求作其 *H*、*W* 面投影，可利用投影的积聚性作图。

又由于相贯线还属于三棱锥的外表面，故可利用面上取点、取线的方法作出相贯线的

57

未知投影。

本例参与相贯的是两个平面立体，在如图所示的相对关系下，其相贯线是一个由直线段围合而成的封闭的空间图形。

作图（图 8-2b）：

（1）分别作出三棱柱、三棱锥的侧面投影的主要轮廓。

（2）根据两立体的几何特性，在正面投影中，顺次标出相贯线的各个顶点 1′、2′、3′、4′、5′、6′、7′，依投影关系直接求出侧面投影 1″、2″、4″、5″、6″、7″，从而对应求出水平投影 1、2、4、5、6、7。由于 2′3′、7′6′均平行于三棱锥的最右棱线的正面投影，故在水平投影中过 2、7 分别作该棱线同面投影的平行线，并依投影关系求得 3 和 3″。

按 Ⅰ、Ⅱ、Ⅲ、Ⅳ、Ⅴ、Ⅵ、Ⅶ、Ⅰ 的点序，分别连线 H、W 面投影。

Ⅲ Ⅳ Ⅴ Ⅵ 段相贯线位于三棱柱的底面，其水平投影 3456 不可见，画成虚线；其余相贯线的水平投影可见，画成粗实线。

Ⅰ Ⅱ 段相贯线位于三棱柱的左上方棱面和三棱锥的左前方棱面，其侧面投影 1″2″ 可见，予以加粗；Ⅱ Ⅲ 段相贯线位于三棱柱的右棱面，其侧面投影 2″3″ 不可见，画成虚线；其余相贯线的侧面投影均重影在三棱锥的背面和三棱柱底面的积聚投影上。

（3）整理轮廓线：在水平投影中，对于柱面棱线而言，2、7 与 3、6 间断开，其余全部加粗；对于锥面棱线而言，1、5 与 2、4 间断开，其余全部加粗；柱面下方的锥体轮廓不可见，用虚线表示。在侧面投影中，对于柱面棱线而言，2″、7″ 间断开，其余全部加粗；对于锥面棱线而言，1″、5″ 与 2″、4″ 间断开，其余全部加粗。1″7″、7″6″ 重影在棱锥背面的侧面积聚投影上，且 1″7″ 属于柱的左侧棱面，其侧面投影可见。7″6″ 属于柱的右侧棱面，其侧面投影不可见。整理后完成作图（图 8-2b）。

讨论：本例稍加改动，即可变为实体三棱锥与虚体三棱柱的相交问题。当两者的尺寸与相对位置关系不变时，其相贯线没有任何变化，但可见性略有不同。在水平投影和侧面投影中应加画出虚体三棱柱有效棱线的投影，它们均不可见，用虚线表示（图 8-2c）。

8-3 已知如图 8-3（a）所示，设小屋的前、后坡屋面的坡度相同，求作两屋面交线的水平投影。

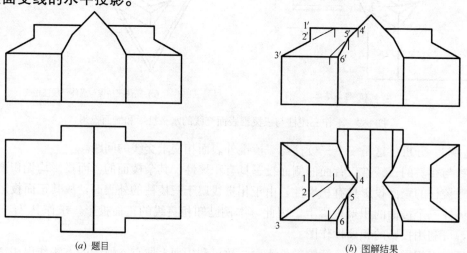

(a) 题目　　　　　　　　　　　　　(b) 图解结果

图 8-3　求作两屋面交线的水平投影

[解]　分析：图 8-3 (a) 所示的横向小屋的前、后坡屋面的坡度相同，其屋脊的水平投影应平行于两檐口线的同面投影，且居中。至于坡屋面左、右两端的轮廓线可利用面上取线的方法直接作出。

纵向小屋的屋面的正面投影具有积聚性。纵横两屋面的交线重影在该积聚投影上。本例相贯线的正面投影已知，求作其水平投影，利用相贯线的投影积聚性作图即可。

由于纵向与横向小屋共底面，故其相贯线是一个开放的空间多边形图形，且左右、前后都对称。

作图 (图 8-3b)：

(1) 作出横向小屋屋脊的水平投影。它平行于两檐口线的水平投影，且居中。

(2) 根据小屋的几何特性和两屋的相对位置，在正面投影中，标出两相交小屋左前四分之一部分的屋面交线顶点 $1'$、$2'$、$3'$ 和 $4'$、$5'$、$6'$。

利用面上取线的方法，如图所示，求出其水平投影 1、2、3、4、5、6。

(3) 自 5 在纵向小屋的前立面的水平投影中作竖直粗线，即为纵向小屋左方两正垂屋面的正垂交线的水平投影。

(4) 自 2 在横向小屋的前后对称点引粗直线，即得横向小屋左方侧平端面的水平积聚投影（左方正垂屋面和侧平端面的交线的水平投影重影在该积聚投影上）。

(5) 依两相交小屋的前后、左右对称关系，作出屋面交线的其余投影。

整理后，完成作图。

8-4　已知如图 8-4 (a) 所示，试完成半球与四棱柱相贯的正面投影，求作侧面投影。

[解]　分析：这是一个平面立体与一个曲面立体外表面相交求交线的问题。

由图 8-4 (a) 可知，相交两立体左右、前后均对称，相贯线也应左右、前后对称。

四棱柱的四个棱面和四条棱线均垂直于水平投影面，这四个棱面与球面的交线均为圆弧。四条圆弧首尾相接，形成一个闭合的空间图形，其水平投影重影于柱面的水平积聚投影上。

球面没有积聚性的投影。

本例为已知相贯线的水平投影，求作其正面投影和侧面投影，应利用四棱柱的投影积聚性作图。

作图 (图 8-4b)：

(1) 作出半球与四棱柱侧面投影的主要轮廓，交线部分待求。

(2) 由于相贯线属于棱柱表面，且棱柱表面的水平投影积聚，故相贯线的水平投影已知；相贯线又属于球面，该组合相贯线中的前、后两个圆弧为正平圆弧，其正面投影反映圆弧实形；相贯线中的左、右两个圆弧为侧平圆弧，其侧面投影反映圆弧实形。利用球面上取投影面平行纬圆的方法，即可完成作图。

(3) 四棱柱的前、后棱面与球面相交的正平弧的半径为 Ⅰ Ⅱ；四棱柱的左、右棱面与球面相交的侧平弧的半径为 Ⅲ Ⅳ。作图结果如图 8-4 (b) 所示。

讨论：本例稍加改动，即可变化为实体半球的外表面与虚体四棱柱（四棱柱通孔）的内表面相交求交线的问题。当两者的尺寸与相对位置关系不变时，原图解出的空间相贯线不变，在投影图中应增加虚体四棱柱的四个棱面的 V、W 面积聚投影。它们均不可见，

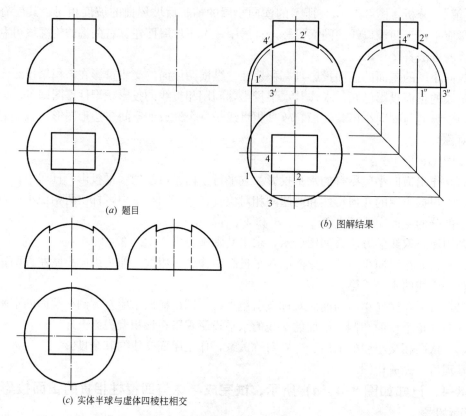

(a) 题目

(b) 图解结果

(c) 实体半球与虚体四棱柱相交

图 8-4 完成半球与四棱柱相贯的正面投影，求作侧面投影

画成虚线。此外还应增加一条由虚体四棱柱与半球底面相交形成的相贯线。该相贯线为矩形，其 V、W 面投影重影于半球底面的积聚投影，H 面投影重影于四棱柱通孔的积聚投影（图 8-4c）。

8-5 已知如图 8-5 (a) 所示，试完成穿孔圆锥的水平投影，求作侧面投影。

［解］ 分析：这是一个实体圆锥的外表面与虚体四棱柱（四棱柱通孔）的内表面相交求交线的问题。

由图 8-5 (a) 可知，相交两立体左右、前后均对称，相贯线也应左右、前后对称。

圆锥的三个投影均无积聚性。

四棱柱的四个棱面和四条棱线均垂直于正立投影面，其上、下水平棱面垂直于锥的轴线，与锥面的交线为水平圆弧。该截交弧的水平投影反映实形。其左、右的正垂棱面过锥顶，与锥面交线为直素线。

单就前半个锥面而言，四棱柱与锥面的交线为两水平圆弧和两条直线段，它们首尾相接，形成一个闭合的空间图形。与之前后对称的还有一个位于后半个锥面上的全等图形。

由于相贯线属于棱柱表面，且棱柱表面的正面投影积聚，故相贯线的正面投影已知，求作其水平投影和侧面投影。相贯线又属于锥面，利用锥面上取线的方法即可完成作图。

作图（图 8-5b）：

（1）作出未穿孔的圆锥的侧面投影。分别以 $1'2'$、$3'4'$ 为半径在锥面的水平投影中画出四棱柱上、下棱面与锥面相交的水平纬圆实形，取其有效部分加粗，得四条粗实线实形

60

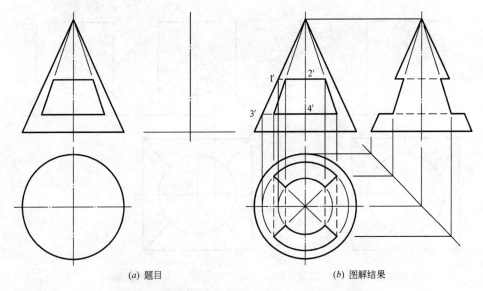

(a) 题目   (b) 图解结果

图 8-5　完成穿孔圆锥的水平投影，求作侧面投影

截交圆弧。对应作出这四条截交弧的侧面投影，并加粗。

（2）在 H、W 面投影中，连线并加粗有关弧的起讫点（其延长线必过锥顶的同面投影），即得四棱柱左右正垂棱面与锥面相交的直素线的投影。

（3）虚体四棱柱的四个棱面两两相交，其交线（亦即棱线）的水平投影和侧面投影均不可见，画成虚线，整理后完成作图（图 8-5b）。

8-6　已知如图 8-6 (a) 所示，试完成正四棱锥与圆柱表面交线的正面投影。

[解]　分析：这是一个圆柱与正四棱锥外表面相交求交线的问题。

图 8-6 (a) 所示锥柱共轴线。它们左右、前后均对称，相贯线也应左右、前后对称。

正四棱锥的四个棱面均与圆柱面斜交，交线为四段全等的椭圆弧。这四条椭圆弧首尾相接，形成一个闭合的空间相贯线图形。

圆柱面的水平投影积聚为圆周。

由于相贯线属于圆柱表面，且柱面的水平投影积聚为圆，故相贯线的水平投影已知，仅需求作其正面投影。相贯线又属于棱面，利用面上取点、取线的方法即可完成作图。

作图（图 8-6b）：

（1）作四棱锥前棱面与圆柱面的交线椭圆弧的正面投影。其最前、最下点的水平投影为 2，最左、最后、最上点的水平投影为 1，其右边对称点的水平投影是 3。由投影关系直接作出 $1'$、$3'$；借助于面上取线的方法作出 $2'$（图 8-6b）。

（2）为使所作椭圆弧准确，在水平投影的椭圆截交弧上取一般点 4，过 4 在该棱面上向锥顶引辅助直线，作出该辅助直线的正面投影，从而求得 $4'$；再由左右对称关系作出 $4'$ 的对称点 5。连线 $1'4'2'5'3'$ 并加粗，即得四棱锥前棱面与圆柱面的交线椭圆弧的正面投影。

（3）至于四棱锥左右棱面与柱面交线椭圆的正面投影，因其重影于正垂的左右棱面的正面积聚投影上，故在正面投影中从下往上加粗该棱面的正面积聚投影至 $1'$、$3'$ 即可。

整理后完成作图。

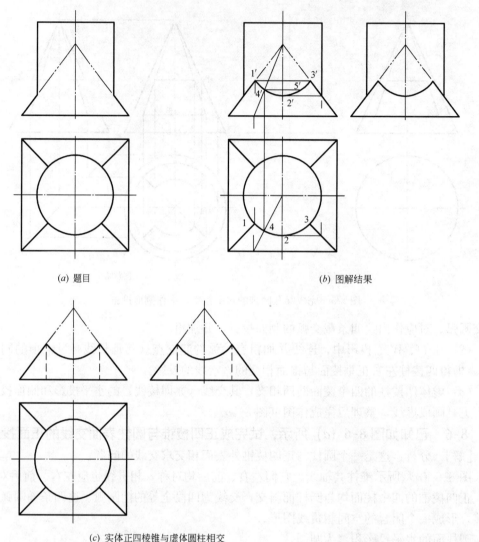

(a) 题目

(b) 图解结果

(c) 实体正四棱锥与虚体圆柱相交

图 8-6   完成正四棱锥与圆柱表面交线的正面投影

讨论：本例未要求作出相交两立体的侧面投影。由于两相交立体左右、前后均对称，故它们的侧面投影是一个与正面投影全等的图形（图 8-6b）。

本例稍加改动，即可变化为实体正四棱锥的外表面与虚体圆柱（圆柱通孔）的内表面相交求交线的问题。当两者的尺寸与相对位置关系不变时，原图解出的空间相贯线不变。在正面投影图中应增加虚体圆柱的正面转向轮廓线的投影，不可见，画成虚线；在侧面投影图中应增加虚体圆柱的侧面转向轮廓线的投影，不可见，画成虚线。此外，理论上还应增加一条由虚体圆柱与正四棱锥底面相交形成的相贯线——圆。其正面投影和侧面投影重影于正四棱锥底面的积聚投影，水平投影重影于圆柱孔的积聚投影（图 8-6c）。

8-7   已知如图 8-7 (a) 所示，求作两穿孔圆柱内、外表面相贯线的正面投影。

[解]   分析：这是一个两圆柱内、外表面相交，求相贯线的问题。

62

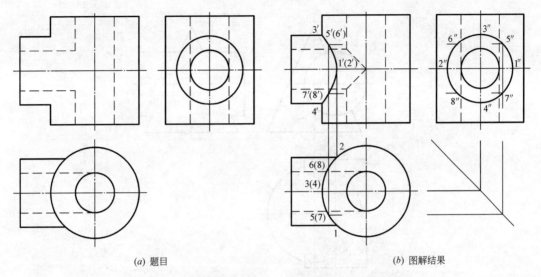

(a) 题目　　　　　　　　　　　　　　　　(b) 图解结果

图 8-7　求作两穿孔圆柱内、外表面相贯线的正面投影

由图 8-7（a）可知，两相交回转体前后、上下均对称，相贯线也应前后、上下对称。轴线铅垂的内、外圆柱共轴，轴线侧垂的内、外圆柱也共轴，两轴正交。

由图可知，两圆柱孔直径相等（即公切于一球），轴线正交，属特殊相贯线的求解范畴。这个呈三通状态的两正交圆柱孔，交线的空间图形为两半个全等的椭圆。椭圆弧相贯线的正面投影积聚成两段不可见的直线，其水平投影重影于铅垂圆孔的左半个水平积聚投影上，侧面投影重影于侧垂圆孔的侧面积聚投影上。

两轴线正交的圆柱外表面相贯线是一个闭合的空间图形，其侧面投影重影于侧垂轴线的外圆柱表面的积聚投影，水平投影重影于轴线铅垂的圆柱外表面的左半个积聚投影（与轴线侧垂的圆柱外表面公共的哪一部分）。

已知相贯线的水平投影和侧面投影，求作其正面投影，利用投影积聚性和面上取点、取线的方法即可完成作图。

作图（图 8-7b）：

（1）首先作两圆柱孔内表面的特殊相贯线，不可见，画成虚线。

（2）作两圆柱外表面的相贯线：

作全部特殊点：最前、最右点Ⅰ，最后、最右点Ⅱ；由 1、2 和 1″、2″可直接求得 1′(2′)。

标出最上、最左点Ⅲ，最下、最左点Ⅳ的各面投影。

作一般点：在已知的相贯线的 W、H 面投影上取一般点Ⅴ（5″、5）及其前后、上下对称点Ⅵ（6″、6）、Ⅶ（7″、7）、Ⅷ（8″、8）；由投影关系求作 5′、6′、7′、8′。

按 3′、5′、1′、7′、4′的点序连线并加粗正面投影，即完成作图（图 8-7b）。

8-8　已知如图 8-8（a）所示，求作圆柱、圆锥表面交线的水平投影和侧面投影（只要求作全部特殊点连线即可）。

[解]　分析：这是一个柱、锥外表面相交求相贯线的问题。

锥的轴线铅垂，其三个投影均无积聚性。

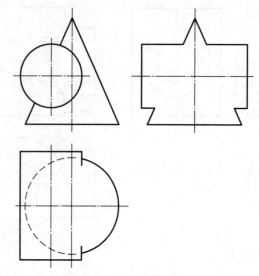

(a) 题目

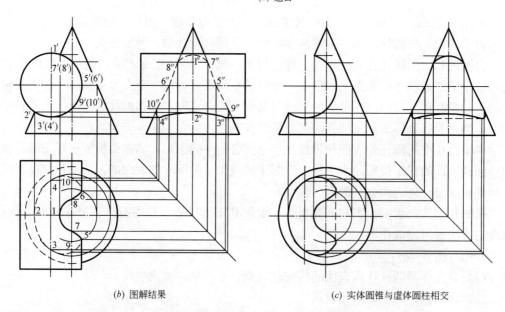

(b) 图解结果

(c) 实体圆锥与虚体圆柱相交

图 8-8 求作圆柱与圆锥表面交线的水平投影和侧面投影

柱的轴线正垂，柱面的正面投影积聚成圆周。锥、柱的轴线交叉垂直。两相交立体前后对称，其相贯线也应前后对称，是一条闭合的空间曲线。

由于相贯线既属于柱面，又属于锥面，故相贯线的正面投影为锥体所包含的那段圆弧。因此，本例已知相贯线的正面投影，求作其水平投影和侧面投影。利用投影积聚性作图，把相贯线看作锥面上的曲线，采用面上取点、取线的方法即可完成作图。

本例特殊点较多较密，依题意只需作全部特殊点连线即可。

作图（图 8-8b）：

（1）在已知相贯线的正面投影中标出全部特殊点：最上点 $1'$、最左点 $2'$、最下点 $3'$（$4'$）、最右点 $5'$（$6'$），锥面的侧面投影转向轮廓线上的点 $7'$（$8'$）、$9'$（$10'$）。

1′、2′与7′（8′）、9′（10′）分别位于锥面的最左和最前、最后素线上；其侧面投影可直接求出，继而再求出其水平投影。

3′（4′）、5′（6′）属锥面上的一般点（相贯线上的特殊点），其水平投影借助于辅助纬圆法（亦可用辅助素线）求出，继而再求出其侧面投影。

（2）在水平投影中，按1、7、5、9、3、2、4、10、6、8、1的点序顺次连成光滑的曲线。其中曲线57186属于上半个柱面和锥面，其水平投影均可见，连成粗实线，其余部分连成虚线。

（3）在侧面投影中，按1″、7″、5″、9″、3″、2″、4″、10″、6″、8″、1″的点序顺次连成光滑的曲线。其中只有3″2″4″曲线属于左半个柱面和左半个锥面，其侧面投影均可见，连成粗实线，其余部分连成虚线。

（4）对于圆柱的水平投影而言，其最右素线（H 面的转向轮廓线）5、6 间断开，其余加粗。

对于圆柱的侧面投影而言，其最上素线居圆锥之左，没有相贯，补全加粗；其最下素线 3″、4″间断开，其余加粗。

对于圆锥的侧面投影而言，其最前素线应 7″、9″间断开，最后素线 8″、10″间断开，其余部分连线。由于它们居正垂圆柱的右边，被挡住部分轮廓画成虚线，其余加粗（图 8-8b）。

讨论：本例稍加改动，即可变化为实体圆锥的外表面与虚体圆柱（圆柱通孔）的内表面相交求交线的问题。当两者的尺寸与相对位置关系不变时，原图解出的空间相贯线不变，但可见性略有变化。在水平投影图中应增加虚体圆柱的水平转向轮廓线（右边的那条）的投影，不可见，画成虚线；在侧面投影图中应增加虚体圆柱的侧面转向轮廓线（下面的那条）的投影，不可见，画成虚线（图 8-8c）。

8-9 已知如图 8-9 (a) 所示，求作组合体表面交线的正面投影和水平投影。

[解] 分析：由图 8-9 (a) 可知，该组合体由左小右大两个直立圆柱、半球、圆锥组合形成。因此，本例是一个锥、柱、球外表面相交求相贯线的问题。由于形体的相交部分有公共的底面，故其相贯线为一个开放的空间图形。

锥的轴线铅垂，且不过球心。

锥与小圆柱（轴线铅垂）共轴，交线为特殊相贯线（即锥的底圆）。

半球与大圆柱（轴线铅垂）共轴，直径相等，表面光滑相切，无交线。

该组合体前后对称，相贯线亦前后对称。

本例无相贯线的已知投影。

待求相贯线可分为上、中、下三部分：上部相贯线由锥与半球相贯形成，由于锥、球均无积聚性投影，故必须用辅助平面法作图，所适宜选用的辅助平面为水平面。中部相贯线由小圆柱与半球相贯形成，由于小圆柱有积聚性的投影，故可利用投影的积聚性作图。下部相贯线由小圆柱与大圆柱相贯形成，由于大、小圆柱有积聚性的投影，且轴线平行，故其相贯线为特殊相贯线，可利用投影的积聚性直接作图。

作图（图 8-9b）：

（1）作上部相贯线：

作圆台与半球的交线。作图时，首先通过圆台顶面作水平的辅助平面 P。P 平面交半球面为水平圆，其水平投影反映实形。该圆与圆台的顶圆相交，其有效公共部分Ⅴ Ⅵ弧即为圆台的水平顶面与半球的交线。

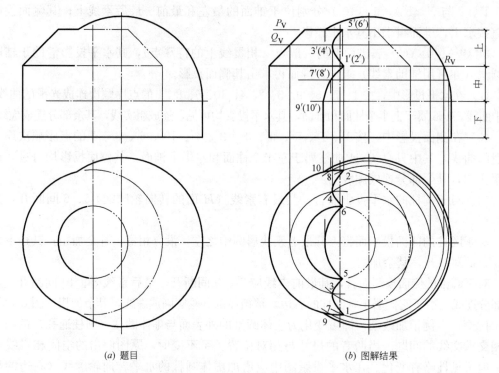

(a) 题目   (b) 图解结果

图 8-9　求作组合体表面交线的正面投影和水平投影

同理，作圆台底圆与半球的交点。作图时，包含圆台底面作水平的辅助平面 R。R 平面交半球面为水平圆，其水平投影反映实形。该圆与圆台的底圆相交，其交点 1、2 即为圆台的水平底圆与半球的交点的水平投影。根据投影关系，求出 $1'$（$2'$）。点 Ⅰ、Ⅱ、Ⅴ、Ⅵ属于该部分相贯线的特殊点。

作一般点：在圆台的上下底之间的适当位置作一水平的辅助平面 Q。Q 平面交球面和圆锥面均为水平圆，其水平投影都反映实形。两圆相交，交点 3、4 即为圆台与半球相贯线上的一般点的水平投影。根据投影关系求出 $3'$（$4'$）。

分别连线 135、246、$1'$（$2'$）$3'$（$4'$）$5'$（$6'$）成光滑的曲线段，即得上部相贯线的水平投影和正面投影。

（2）作底部相贯线：底部相贯线为大小圆柱的相贯线，其柱面交线为两条直素线。由于大小圆柱轴线铅垂，故其水平投影中两积聚圆周的交点即为交线的积聚投影，正面投影可直接作图求出（图中标出Ⅸ、Ⅹ两点为这两条铅垂直素线的最高点）。

（3）作中部相贯线：中部相贯线为小圆柱与半球的相贯线。由于相贯线属于小圆柱表面，故其水平投影重影在小圆柱的积聚投影上。利用投影的积聚性，借助表面取点的方法，即可求得该部分相贯线上的全部特殊点（特殊点为Ⅰ、Ⅱ、Ⅸ、Ⅹ，前面已经求出）和一般点（Ⅶ、Ⅷ）。

在正面投影中，按 $9'$（$10'$）、$7'$（$8'$）、$1'$（$2'$）的点序顺次光滑地连成曲线，并加粗，即得相交立体的中部相贯线的正面投影。其对应的水平投影重影在小圆柱的积聚投影上，依投影关系加粗相应区段即可。

整理后完成作图。

66

第九章　轴测投影

9-1 已知如图 9-1（*a*）所示，求作该截头正五棱锥的正等测图。

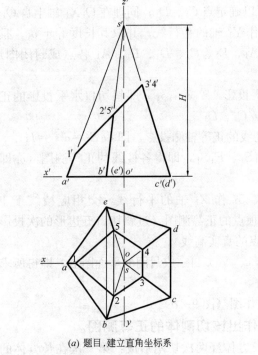

(*a*) 题目,建立直角坐标系

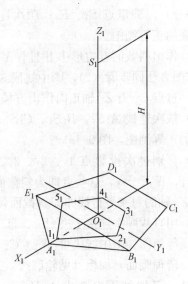

(*b*) 画轴测轴,作底面,作斜切口的次投影

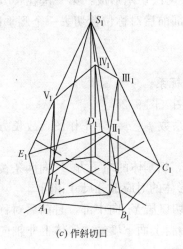

(*c*) 作斜切口

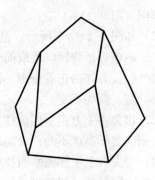

(*d*) 清理画面,完成作图

图 9-1　求作截头正五棱锥的正等测图

［解］ 分析：绘制截头正五棱锥的正等轴测图，实质上是绘制五棱锥的底面和斜截面各个顶点的正等轴测图，且全部棱线在正等测图中均无实长的投影。因而宜采用坐标法作出各顶点的正等测，再依次连线即可。

作图（图 9-1）：

(1) 在截头正五棱锥上如图 9-1（a）所示建立直角坐标系。为便于度量，选锥底所在平面为 XOY 平面，Z 轴与锥轴共线。

(2) 画正等轴测轴（图 9-1b），并取简化轴向伸缩系数作出底面正五边形 $ABCDE$ 的轴测投影 $A_1B_1C_1D_1E_1$：在 O_1X_1 轴上自 O_1 起沿 X_1 轴正向量取 O_1A_1 等于 oa，以确定 A_1 点；在 O_1X_1 轴上自 O_1 起沿 X_1 轴负向量取 $o'c'$ 距离得一点，过该点作 Y_1 轴的平行线，并取其长度等于 cd，且被 X_1 轴平分，以确定点 C_1、D_1；同理在 O_1X_1 轴上自 O_1 起沿 X_1 轴正向量取 $o'b'$ 距离得一点，过该点作 Y_1 轴的平行线，并取其长度等于 be，且被 X_1 轴平分，以确定点 B_1、E_1；顺次连接 A_1、B_1、C_1、D_1、E_1、A_1 各点成封闭图形，即得底面的正等测图。

(3) 作出斜截面五边形 Ⅰ Ⅱ Ⅲ Ⅳ Ⅴ 的次投影 $1_1 2_1 3_1 4_1 5_1$（即斜切口水平投影的正等测），作图方法同步骤（2），图中线段 $3_1 4_1 // C_1$、D_1。

(4) 过点 O_1 沿 Z_1 轴正向作出五棱锥高线的正等轴测投影，即 $O_1 S_1 = o's' = H$。

(5) 依次连线 $A_1 S_1$、$B_1 S_1$、$C_1 S_1$、$D_1 S_1$、$E_1 S_1$，即得各棱线的正等测图（亦即正五棱锥的正等测图，图 9-1c）。

(6) 分别过次投影点 1_1、2_1、3_1、4_1、5_1 作 Z_1 轴的平行线，交相应棱线于 Ⅰ$_1$、Ⅱ$_1$、Ⅲ$_1$、Ⅳ$_1$、Ⅴ$_1$，这些点即为斜截面各顶点的正等测图（过斜切口五边形的次投影向上所作 Z_1 轴的每条平行线亦即斜截面各顶点的真实高线）。

(7) 用直线顺次连接 Ⅰ$_1$、Ⅱ$_1$、Ⅲ$_1$、Ⅳ$_1$、Ⅴ$_1$、Ⅰ$_1$ 成封闭的平面图形，即得所求斜截口的正等测图。图中线段 Ⅲ$_1$Ⅳ$_1$ $// C_1$、D_1。

(8) 清理画面，加粗可见轮廓线，完成作图（图 9-1d）。

9-2 已知如图 9-2（a）所示，试作出该切割体的正等测图。

［解］ 分析：图 9-2（a）所示形体由长方体经两次切割形成：第一次在长方体的左上方切去一个正垂的四棱柱，第二次再在其右上中部前后对称位置切去一个侧垂四棱柱。因此，宜采用切割法作轴测图。

作图（图 9-2）：

(1) 如图 9-2（a）所示，设置切割体的直角坐标系。

(2) 画正等轴测轴，并取简化轴向伸缩系数作图（图 9-2b）。

画外包长方体的正等测图。因取简化轴向伸缩系数 $p = q = r = 1$ 作图，故长方体轴测图的长、宽、高均不变。

(3) 切去左上方正垂四棱柱。在图 9-2（c）中，切割体的左下方 Z_1 向两条棱线保留形体左侧的实际高度不变；顶面的 X_1 向尺寸与原形体的对应部分尺寸相同。

(4) 切去右上中部侧垂四棱柱。作图时，切记切口居 Y_1 向中部，且前后对称，轴向图线反映实际尺寸；切口深必须沿 Z_1 向从顶面开始自上而下度量；形体上非轴向尺寸不可在其对应的轴测轴向直接量画（图 9-2d）。

(5) 清理画面，加粗可见轮廓线，完成作图（图 9-2e）。

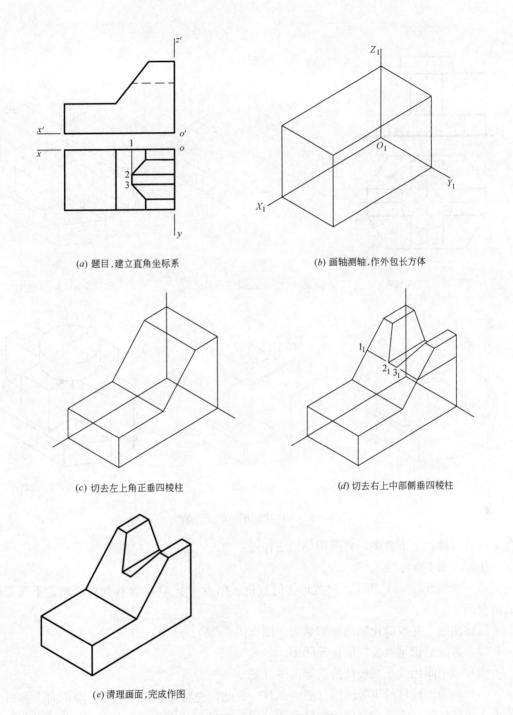

(a) 题目,建立直角坐标系

(b) 画轴测轴,作外包长方体

(c) 切去左上角正垂四棱柱

(d) 切去右上中部侧垂四棱柱

(e) 清理画面,完成作图

图 9-2 求作切割体的正等测图

9-3 已知如图 9-3 (a) 所示,试作出该建筑形体的正等测图。

[解] 分析:图 9-3 (a) 所示建筑形体由上、中、下三部分叠加组合而成。下部为铅垂的八棱柱,中部为断面呈十字形的铅垂十二棱柱,顶部为轴线铅垂的圆柱。该形体左

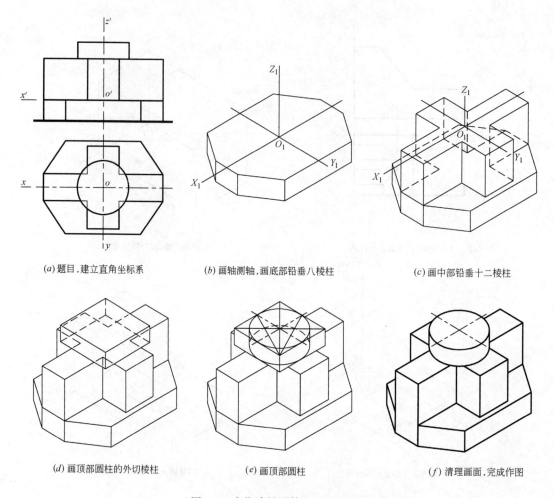

(a) 题目,建立直角坐标系　　　(b) 画轴测轴,画底部铅垂八棱柱　　　(c) 画中部铅垂十二棱柱

(d) 画顶部圆柱的外切棱柱　　　(e) 画顶部圆柱　　　(f) 清理画面,完成作图

图 9-3　求作建筑形体的正等测图

右、前后对称,上下叠砌,宜采用叠加法作图。

作图(图 9-3):

(1) 如图 9-3(a) 所示,设置形体的直角坐标系,令 XOY 坐标面位于中、下部形体的结合面。

画轴测轴,并取简化轴向伸缩系数作图(图 9-3b)。

(2) 画底部铅垂八棱柱的正等测图。

(3) 画中间铅垂十二棱柱的正等测图(图 9-3c)。

(4) 画顶部圆柱的正等测图(图 9-3d)。为此,先将原轴测轴沿 Z_1 轴正向上移一个铅垂十二棱柱的真实高度(即轴测轴的 $X_1O_1Y_1$ 坐标面移至十二棱柱的顶面),以获得正确的参照系,便于圆柱轴测图的作图;画出铅垂圆柱外包正四棱柱的正等测图形(其顶面和底面均为菱形);然后再依四心圆弧法作出该圆柱体的上下底圆,并画出两椭圆的公切线,即得圆柱体的正等测图。

(5) 清理画面,加粗可见轮廓线,完成全图(图 9-3e)。

70

需要强调的是，作轴测图时，原 $X_1O_1Y_1$ 轴测坐标面是中、下两部分形体的结合面。作顶部圆柱的轴测图时，$X_1O_1Y_1$ 轴测坐标面应沿 Z_1 轴正向上移至中部形体的顶面，且底面椭圆的左右、前后对称的两条共轭直径应与移位后的 X_1、Y_1 轴重合，以保证形体左右、前后对称，上下叠加。

9-4 已知如图 9-4（a）所示，求作台阶的正等测图。

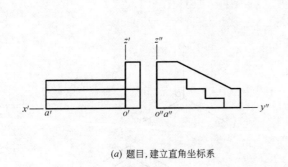

(a) 题目,建立直角坐标系

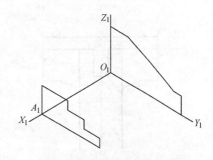

(b) 画轴测轴,作台阶和挡边的左端面

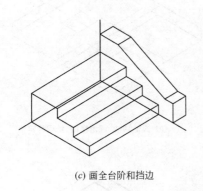

(c) 画全台阶和挡边

(d) 清理画面,完成作图

图 9-4　求作台阶的正等测图

[解] 分析：坐标法是作轴测图的最基本方法。但对于有一系列平行线的形体，则不必用逐点量取坐标值的方式——一定出所有顶点，而应充分利用"平行线的轴测投影仍平行"的原理，省去一些逐点确定坐标值的作图步骤。

本例中的台阶与右挡边均为侧垂的棱柱（棱线均平行于 X_1 轴，反映实长）。除右挡边的斜面轮廓之外，其余轮廓均为相应轴测轴的平行线。作轴测图时，可用坐标法结合画平行线的方法，先画出台阶和右挡边的可见左端面，然后过两端面的各顶点画 X_1 轴的平行线（过台阶端面各顶点的 X_1 轴平行线均以台阶宽度为长度，过右挡边各顶点的 X_1 轴平行线均以挡边的宽度为长度），其次逐点连线各可见端点，即可完成作图。

这种方法称为端面法。

作图（图 9-4）：

(1) 如图 9-4（a）所示，确定台阶的空间直角坐标系，令 YOZ 坐标面位于台阶与挡边的结合面。

(2) 画出正等轴测轴，取简化的轴向伸缩系数作图（图 9-4b）。

(3) 在 X_1 轴上自 O_1 点起沿 X_1 轴正向量取 A_1 点，使 $O_1A_1 = o'a'$；过 A_1 点、O_1 点

分别作台阶左端面和右档边左端面的正等测图（图9-4b）。

（4）分别过台阶左端面和档边左端面的正等测各顶点沿X_1轴负向作平行线，其长度分别等于台阶和档边的宽度。然后逐点连接各可见端点（图9-4d）。

清理画面，加粗可见轮廓线，即得台阶的正等测图。

9-5　已知如图9-5（a）所示，求作梁板柱节点的正等测图。

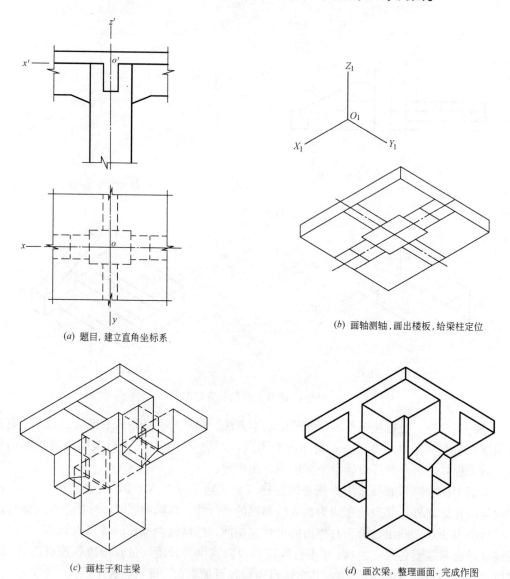

(a) 题目,建立直角坐标系

(b) 画轴测轴,画出楼板,给梁柱定位

(c) 画柱子和主梁

(d) 画次梁,整理画面,完成作图

图9-5　求作梁板柱节点的正等测图

［解］　分析：由图9-5（a）可知，该节点由若干棱柱叠加组合而成，故宜采用叠砌法作轴测图。为表达清楚组成梁板柱节点的各基本形体的相互构造关系，应画仰视轴测图。即轴测投影方向从右、前、下往左、后、上方投影（亦可从左、前、下往右、后、上方投影）。

作图（图 9-5）：

（1）如图 9-5（a）所示，确定梁板柱节点的直角坐标系，令 XOY 坐标面位于楼板的底面，Z 轴通过立柱的中心。

（2）画正等轴测轴，并取简化的轴向伸缩系数作图（图 9-5b）。

（3）作出四棱柱楼板的正等测图。

（4）给梁和柱子定位。在楼板底面上，画出柱子、主梁和次梁的水平次投影。

（5）画柱子。过柱子次投影的四个顶点，沿 Z_1 轴的负向取柱子的实际高度，画出柱子的轴测图（图 9-5c）。

（6）画主梁。过主梁的次投影向下取相应的高度，画出主梁的轴测图，并画出主梁与柱子右侧面的交线（主梁与立柱左侧面的交线被柱子挡住，不可见）。

（7）画次梁。过次梁的次投影向下取相应的高度，画出次梁的轴测图，并画出次梁与柱子前表面的交线（次梁与立柱后表面的交线被柱子遮挡，不可见）。

清理画面，加粗可见轮廓线，完成作图（图 9-5d）。

9-6　已知如图 9-6（a）所示，求作切口圆柱的正等测图。

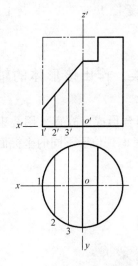
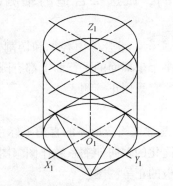
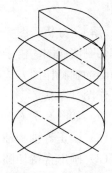

（a）题目，建立直角坐标系　　（b）画轴测轴，作出圆柱及水平面的截交线　　（c）画出由水平和侧平截切面形成的切口

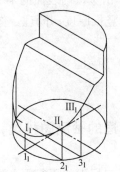
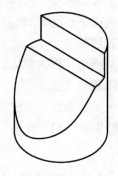

（d）用坐标法画正垂面的截交线　　（e）清理画面，完成作图

图 9-6　求作切口圆柱的正等测图

73

［解］　分析：由图9-6（a）可知，该铅垂圆柱依次被侧平面、水平面和正垂面截切，其柱面截交线分别为直素线、水平圆弧和半个椭圆。

由于该形体由多个平面截割形成，故适宜于用切割法。至于椭圆截交线上的一般点的轴测图则适宜用坐标法求出。

作图时，先应画出完整的圆柱，再作其上部的侧平矩形截断面和水平截断面图形，最后作正垂截切面截割圆柱产生的椭圆弧截交线。

作图（图9-6）：

（1）如图9-6（a）所示，确定该切口圆柱的直角坐标系。

（2）画正等轴测轴，并取简化的轴向伸缩系数作图（图9-6b）。

（3）画出待截割圆柱的正等测。

（4）画出水平截切面与圆柱面交线的轴测椭圆（它是上、下底椭圆全等的图形），并画出由侧平截切面、水平截切面组合截切后圆柱的轴测图（图9-6c）。

（5）用坐标定点法作出正垂截切面与圆柱表面交线上的各点的轴测图，并依次光滑地连成曲线，即得正垂面与圆柱表面交线椭圆弧的轴测图（图9-6d，图中 I_1 为截交弧上的最低点，II_1、III_1 为一般点，$I_1 1_1$、$II_1 2_1$、$III_1 3_1$ 图线长度等于图9-6（a）中点 I、II、III 所在素线的真高）。

清理画面，加粗可见轮廓线，完成作图（图9-6e）。

9-7　已知如图9-7（a），试选择合适的轴测图种类，作出该形体的轴测图。

［解］　分析：图9-7（a）所示，组合体由叠加和切割方式组合形成，故宜采用叠砌法和切割法作图。由于该形体多个坐标面的平行面上都有圆弧，考虑到位于不同的坐标面上的圆的轴测作图方法的一致，宜采用正等测表达。

作图（图9-7）：

（1）如图9-7（a）所示，建立该组合形体的直角坐标系。

（2）画正等轴测轴，并取简化的轴向伸缩系数作图（图9-7b）。

（3）画出含待切圆槽的竖板的正等测图。

（4）画出含待切圆角的底板的正等测图（图9-7c）。

（5）在竖板上画出弧形凹槽。依四心圆弧法先作出竖板前表面的半个椭圆，再将这半个椭圆所涉及的两个圆弧中心沿 Y_1 轴负向平移一个竖板厚度；同理，作出竖板后表面的半个椭圆，并取其有效部分。

（6）在底板上切割圆角，作图方法如图9-7（d）所示。

（7）在底板上画出凹槽（图9-7e）。

清理画面，加粗可见轮廓线，完成作图（图9-7f）。

9-8　已知如图9-8（a）所示，试选择合适的轴测图种类，作出花格的轴测图。

［解］　分析：由图9-8（a）可知，该花格 *XOZ* 坐标面的平行面上具有大量的正平圆弧，其他坐标面及其平行面上均无圆弧，故画正面斜二测最为简便。根据花格的几何特征，该形体适宜用端面法作图。

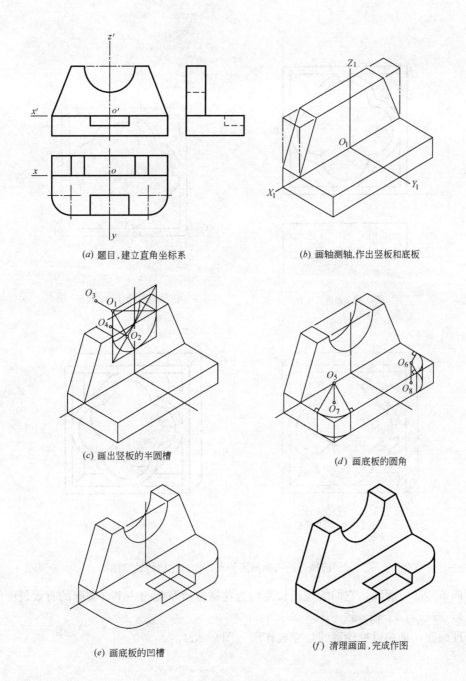

(a) 题目,建立直角坐标系

(b) 画轴测轴,作出竖板和底板

(c) 画出竖板的半圆槽

(d) 画底板的圆角

(e) 画底板的凹槽

(f) 清理画面,完成作图

图 9-7　选择合适的轴测图种类,作出组合体的轴测图

作图（图 9-8）：

（1）如图 9-8（a）所示，建立花格的直角坐标系。

（2）画正面斜二测的轴测轴，并取轴向伸缩系数 $p=r=1$、$q=0.5$ 作图（图 9-8b）。

（3）画花格前立面的斜二测。

（4）画花格后立面的斜二测。作图时，可将各圆弧中心、圆弧与直线的端点沿 Y_1 轴负向平移花格原始厚度的一半，然后对应画出各圆弧、直线的有效区段。特别注意画出圆

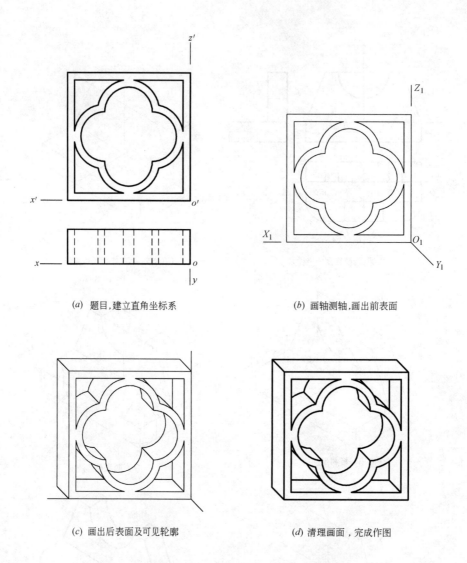

(a) 题目,建立直角坐标系　　　　　　　　(b) 画轴测轴,画出前表面

(c) 画出后表面及可见轮廓　　　　　　　(d) 清理画面,完成作图

图 9-8　选择合适的轴测图种类,作出花格的轴测图

弧面的四条转向轮廓线。它们的理论长度均为花格原始厚度的一半（实际的有效长度依作图来定），方向与 Y_1 轴一致（图 9-8c）。

清理画面,加粗可见轮廓线,完成作图（图 9-8d）。

第二篇　阴影透视

第十章　阴影的基本概念与基本规律——点、直线、平面图形的落影

10-1　已知如图 10-1（a）所示，求作点 A、B、C 在台阶表面上的落影和点 A 在台阶左端面的落影点。

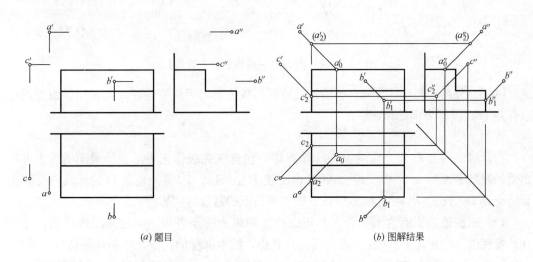

（a）题目　　　　　　　　　　　　　　　　　　（b）图解结果

图 10-1　求作点 A、B、C 在台阶表面上的落影

　　[解]　分析：在图 10-1（a）中，台阶的踏面均为水平面，踢面均为正平面，左右端面为侧平面。由于承影面均为投影面的平行面，故求作点在承影面上的影。实际上是求过这些点的光线与承影面的交点（即过点的光线的迹点）。因此，本例宜采用光线迹点法。

　　本例的解题关键在于正确判断各点的承影面。当点落影于某平面的有效范围时，其落影为实影，为所求；否则为虚影，需另求。

　　作图（图 10-1b）：

　　（1）过点 A 作光线的三面投影，显然点 A 落影于上一级的踏面上，A_0（a_0，a'_0，a''_0）为所求落影点。同理点 B 落影于下一级台阶的踢面上，B_1（b_1，b'_1，b''_1）即为所求；点 C 落影于台阶的左端面，C_2（c_2，c_2'，c_2''）即为所求。

　　（2）扩大台阶的左端面，令其与过点 A 的光线交于 A_2（a_2，a'_2，a''_2）。显然，A_2（a_2，a'_2，a''_2）不在台阶左端面的有效区域内，故 A_2 为空间点 A 在台阶左端面上的虚影点。前面所求的 A_0 为实影点。

10-2 已知如图 10-2（*a*）所示，求作点 **D** 在三棱锥表面上的落影和它在棱锥底面上的虚影点。

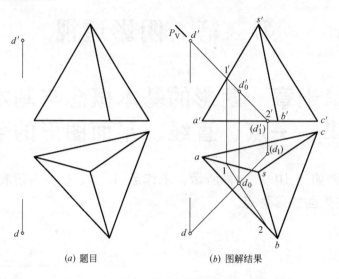

(*a*) 题目　　　　　　　　　(*b*) 图解结果

图 10-2　求作点 *D* 在三棱锥表面上的落影

［**解**］　分析：图 10-2（*a*）所示，三棱锥的各棱面均无积聚性，故宜采用线面交点法求作点 *D* 在棱锥表面的落影。

作图（图 10-2*b*）：

（1）过空间点 *D* 作光线的 *V*、*H* 面投影，包含该光线作正垂的辅助平面 *P*（也可作铅垂的辅助平面）。*P* 平面交棱面 *SAB* 得交线 Ⅰ Ⅱ（12、$1'2'$）。过点 *D* 的光线与交线 ⅠⅡ 的交点 D_0（d_0、d_0'）即为点 *D* 在三棱锥表面上的落影（实影点）。

（2）三棱锥的底面为水平面，其正面投影积聚为一条直线。应用光线迹点法，点 *D* 在棱锥底面上的虚影 D_1（d_1、d_1'）可直接获得，按本课程的约定，虚影点加括号表示。

10-3 已知如图 10-3（*a*）所示，求作线段 *AB* 在棱柱表面上的落影。

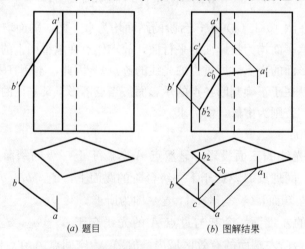

(*a*) 题目　　　　　　　　　(*b*) 图解结果

图 10-3　求作直线段 *AB* 在棱柱表面上的落影

[解] 分析：在图 10-3 (a) 中，因四棱柱各棱面的水平投影都有积聚性，所以利用积聚性可直接获知端点 A、B 落影的棱面。

由前述知识可知，当直线段的两个端点落影于同一个棱面时，该线段的落影仍为一条直线段；当直线段的两个端点落影于不同棱面时，该直线段的落影应为一条折线段，且折影点必位于两棱面的交线上，此时，应利用反回光线法求出折影点。

作图（图 10-3b）：

过点 A、B 分别作光线的投影。显然，点 A 落影于四棱柱的右前棱面上为 A_1（a_1, a_1'），B 落影于四棱柱的左前棱面上为 B_2（b_2, b_2'）。因此，线段 AB 的落影应为始于 A_1、止于 B_2 的一条折线段。其折影点应落在四棱柱的左前棱面与右前棱面的铅垂交线上。过该交线的水平积聚投影作 45° 反回光线，交 AB 于 C（c、c'）点，从而求得折影点 C_0（c_0、c_0'）。由于 B_2C_0、C_0A_1 位于四棱柱前向的两个棱面上，其正面投影可见，故连线 $a_1'c_0'$、$c_0'b_2'$ 并加粗，即得所求。

10-4 已知如图 10-4 (a) 所示，求作侧垂线 **AB** 在铅垂的组合承影面上的落影。

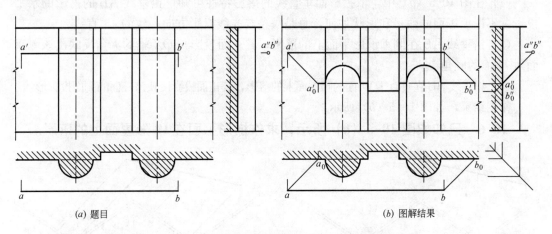

(a) 题目　　　　　　　　　　　　　　　　(b) 图解结果

图 10-4　求作侧垂线 AB 在铅垂的组合承影面上的落影

[解] 分析：在图 10-4 (a) 中，直线 AB 垂直于 W 面，组合的承影面垂直于 H 面。根据投影面垂直线落影的投影对称特性，该线段落影的 W 面投影应与光线的同面投影方向一致（即落影的 W 面投影为一条 45° 线），落影的 V 面投影与落影的 H 面投影（亦为组合承影面的积聚投影）呈对称图形。

作图（图 10-4b）：

如图 10-4 (b) 所求（图中未作圆柱面与凹墙的阴影）。

10-5 已知如图 10-5 (a) 所示，求作铅垂线在侧垂的组合承影面上的落影。

[解] 分析：在图 10-5 (a) 中，直线 AB 垂直于 H 面，组合的承影面垂直于 W 面。根据投影面垂直线落影的投影对称特性，该线段落影的水平投影应与光线的同面投影方向一致（即落影的 H 面投影为一条 45° 线），落影的 V 面投影与落影的 W 面投影（即组合承影面的 W 面积聚投影）呈对称图形。

作图（图 10-5b）：

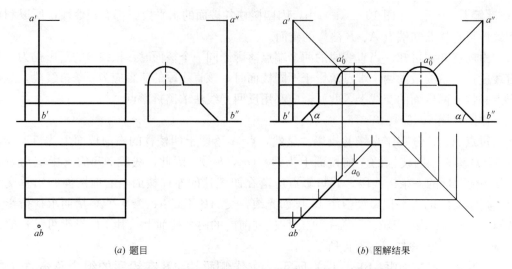

(a) 题目　　　　　　　　　　　(b) 图解结果

图 10-5　求作铅垂线在侧垂的组合承影面上的落影

（1）在图 10-5（b）中，依投影面垂直线的落影特性可知，铅垂线 AB 的落影的水平投影，不论承影面的数量和形状如何，总是一条与光线投影方向一致的 45°直线。

（2）铅垂线 AB 在侧垂承影平面上的落影，其正面投影与 OX 轴的夹角反映出该侧垂面对 H 面的倾角 α。

（3）铅垂线 AB 在垂直于 W 面的圆柱面上的落影，其正面投影反映该柱面的侧面投影形状。作图结果，如图 10-5（b）所示。

10-6　已知如图 10-6（a）所示，求作梯形平面在 W 形屋面上的落影。

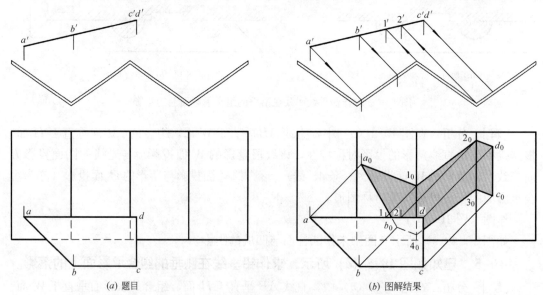

(a) 题目　　　　　　　　　　　(b) 图解结果

图 10-6　求作梯形平面在 W 形屋面上的落影

[解]　分析：图 10-6（a）所示，W 形屋面由四个正垂面组合而成。由于梯形平面落影于多个屋面上，故有折影产生，且折影点应位于相邻屋面的交线上，宜采用反回光线直接求出折影点。

又梯形平面的上、下底彼此平行，由平行两直线的落影特性可知，它们在同一个承影面上的落影也应彼此平行。巧妙地利用这一平行特性，可实现快速准确地作图。

作图（图 10-6b）：

（1）作出梯形底边 AD 在屋面上的落影 $a_0 1_0 2_0 d_0$，其折影点 1_0、2_0 用反回光线法求出。

（2）作梯形直角边 CD 在屋面上的落影 $c_0 d_0$。

由于梯形底边 BC 平行于 AD，其同面落影应彼此平行，故过 c_0 依次在各个承影面作出 AD 边落影的平行影线，并于相邻屋面交线处得折影 3_0、4_0，从而求得 $c_0 3_0 4_0 b_0$。

（3）连线 $a_0 b_0$ 即得梯形斜边 AB 在同一屋面上的落影。

（4）整理后完成作图。

10-7 已知如图 10-7（a）所示，求作开孔圆平面的落影。

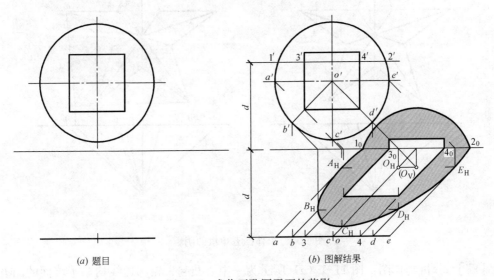

(a) 题目　　　　　　　　　　(b) 图解结果

图 10-7　求作开孔圆平面的落影

[解] 分析：图 10-7（a）所示，圆平面平行于 V 面，其正面落影部分应反映实形，水平落影部分为不完全椭圆。由于该平面图形到 V 面的距离为 d，所以圆周和方孔轮廓上到 H 面距离为 d 的点 $1'$、$2'$、$3'$、$4'$ 的落影点 1_0、2_0、3_0、4_0 为折影点，亦即 $1'$、$2'$、$3'$、$4'$ 之上的圆平面部分（含方孔）落影于 V 面，反映这部分的实形；$1'$、$2'$、$3'$、$4'$ 之下的圆平面部分（含方孔）落影于 H 面，这部分的轮廓落影为不完全椭圆，方孔部分亦产生相应的形变。

为了作出圆平面 V 面落影的实形部分，必须以圆心的 V 面落影为圆心，圆平面的半径为半径在 V 面上画弧，该弧交 OX 轴即得折影点 1_0、2_0。

作图（图 10-7b）：

（1）作出圆平面圆心的 H 面实影点 O_H 和 V 面虚影点 O_V，以 O_V 为圆心、以圆平面的半径为半径在 V 面上画弧，交 OX 轴于 1_0、2_0，则 $1_0 2_0$ 弧即为圆平面在 V 面上的落影实形。

（2）在圆平面的下半部分圆周上依次取五个特殊位置的点 A、B、C、D、E，并作出其 H 面落影点 A_H、B_H、C_H、D_H、E_H，然后光滑地连线 1_0、A_H、B_H、C_H、D_H、E_H、2_0，即得圆周下半部分的落影。

（3）根据直线的落影特性作出方孔的 V、H 面落影，整理后完成作图（图 10-7b）。

第十一章　平面建筑形体的阴影

11-1　已知如图 11-1 (*a*) 所示，求作紧贴于墙面的凸五角星的阴影。

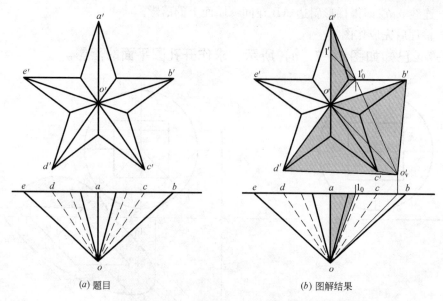

(*a*) 题目　　　　　　　　　　(*b*) 图解结果

图 11-1　求作凸五角星的阴影

[解]　分析与作图：图 11-1 (*a*) 所示为一中心凸起、轮廓边线均贴于墙面的凸五角星。它的所有棱面均为一般位置平面，没有积聚性的投影，故无法先确定其阴线。此时可先作出凸五角星中所有凸角的棱线 OA、OB、OC、OD、OE 在墙面上的落影（图 11-1*b*）。由于点 A、B、C、D、E 属于外墙墙面，其落影就是它本身；故只需作出中心凸起的点 O 的落影 o_v'，依次连接 $a'o_v'$、$b'o_v'$、$c'o_v'$、$d'o_v'$、$e'o_v'$ 可知，OC、OE 棱线的落影被其他棱线的落影所包含，不是影区的轮廓，即不是影线；其余三条凸棱 OA、OB、OD 均为阴线。

由于在阴线和影线所形成的闭合范围内，立体上的阴面和承影面上的影区必然连通，故可确定 A、B、C、D 凸角中与影线相邻的棱面必是阴面。

由连线 $o_v'a'$ 可知，OA 棱在凸角 B 的阳面轮廓线上产生折影点 I_0（$1_0'$，1_0），即 OA 棱被中间点 I 分割落影成折线段。其中 AI 段（对应的正面投影为 $a'1'$）落影于墙面，其落影为 $a'1_0'$；IO 段（对应的正面投影为 $1'o'$）落影于凸角 B 的阳面上，其落影的正面投影为 $1_0'o'$，水平投影为 1_0o。也可理解为 OA 棱在外墙面上的实影段为 $a'1_0'$，虚影段为 $1_0'o_v'$。

综上所述，点 O 作为 OB、OD 两阴线的交点，其落影于外墙面上（为实影点 o_v'）；但作为 OA 棱线上的点，则是与邻角 B 阳面的交点（其外墙面上的落影点 o_v' 为虚影点，只

82

可利用其求出折影点 $1'_0$），故 OA 在 B 角阳面上的落影必通过点 O。

正面投影图中，凸角 C 和凸角 A、D 的右侧棱、凸角 B 的下方侧棱均为可见阴面，其余细密点填充区域为落影的投影。水平投影图中，凸角 A 的右侧棱为可见阴面，其余可见棱面均为阳面；影线 1_0o 为阴线 OA 上的ⅠO 区段在凸角 B 阳面上的落影的水平投影。

用细密点填充可见阴面和影区完成作图（从本例起，空间点的落影标注或改用其投影的标注形式，如 A_V 用 a'_v 表示，两者等效）。

11-2 已知如图 11-2 (a) 所示，求作三棱台的阴影。

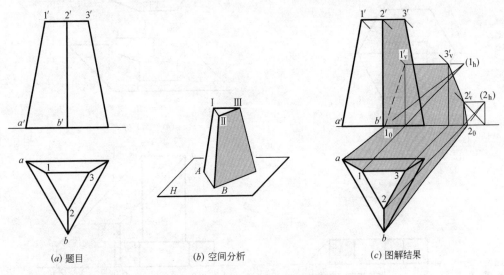

(a) 题目   (b) 空间分析   (c) 图解结果

图 11-2 求作三棱台的阴影

［解］ 分析：在图 11-2 (a) 中，落地三棱台的顶面和左侧棱面为阳面，右棱面和后棱面为阴面，因此阴线为空间折线 BⅡⅢⅠA（图 11-2b）。

该棱台距 V 面较近，其顶部将落影于 V 面，即阴点Ⅰ、Ⅱ、Ⅲ将落影于 V 面，底部位于 H 面，即阴点 A、B 在 H 面上的落影应是其本身。由于阴线 AⅠ、BⅡ的两个端点均落在不同的承影面上，故需利用虚影的概念求出同一条阴线落影于 V、H 面的折影点 1_0、2_0，方可连线作答。

作图（图 11-2c）：

（1）阴线 AⅠ、BⅡ的 A、B 端点属于 H 面，其落影点就是它本身。

（2）求出阴线端点Ⅰ、Ⅱ、Ⅲ的实影点 $1'_v$、$2'_v$、$3'_v$ 和虚影点 1_h、2_h。

（3）分别连线 $b2_h$、$a1_h$ 得折影点 2_0、1_0，依次连线 $b2_0$、$2_02'_v$、$2'_v3'_v$、$3'_v1'_v$、$1'_v1_0$、1_0a 即为所求影线。其中被自身挡住的部分影线不可见，画成虚线或细实线。

（4）正面投影中，三棱台的右前棱面为可见阴面；水平投影中三棱台的右前棱面和背面为可见阴面。用细密点填充可见阴面和影区完成作图（图 11-2c）。

11-3 已知如图 11-3 (a) 所示，求作该台座的阴影。

［解］ 分析与作图：图 11-3 (a) 所示的台座由下方落地的正六棱柱台基和上方叠加的四棱柱台身组合形成。它们的后方和右方棱面为阴面，台座将落影于地面 H，台身由下向上将依次落影于台基的顶面、地面 H 和墙面 V。

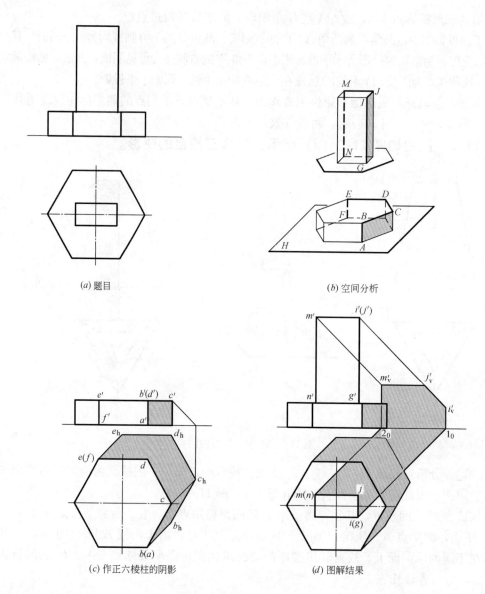

(a) 题目

(b) 空间分析

(c) 作正六棱柱的阴影

(d) 图解结果

图 11-3 求作台座的阴影

　　根据"物体的左前上方受光、右后下方背光"的基本原则,正六棱柱台基的阴线应位于光线的各面投影与六棱柱同面投影的最外角点相切处,即切点为阴线的积聚投影位置。因此,台基的阴线为折线 $ABCDEF$,其中 $BCDE$ 段阴线平行于地面,其地面落影为全等的图形。故过 c' 作 $45°$ 线与 OX 轴相交,过交点向下作竖直线,与过 c 作的 $45°$ 线相交得点 C 在地面上的落影 c_h;过 c_h 依次作 cb、cd、de 的平行等长直线得影点 b_h、d_h、e_h。由于阴点 A、F 属于地面,其地面落影就是它本身,故连线 ab_h、fe_h,整理后即得正六棱柱台基在地面的落影(图 11-3b、c)。

　　四棱柱台身的阴线为折线 $GIJMN$,其落影于台基顶面、地面和墙面。

　　由投影面垂直线的落影特性可知,铅垂阴线 GI、MN 落影的水平投影不论承影面复杂与否均是一条与光线投影方向一致的 $45°$ 线,其正面投影则与阴线自身的同面投影平

84

行。由于铅垂阴线 GI、MN 的 G、N 点在台基顶面，它的落影的水平投影就是本身 g、n。故分别过 g、n 作 $45°$ 线与投影轴相交得折影点 1_0、2_0，过 1_0、2_0 作 $g'i'$、$m'n'$ 的平行线，与过 i'、m' 的 $45°$ 线相交得 i'_v、m'_v，折线段 $g1_0i'_v$、$n2_0m'_v$ 即为铅垂阴线 GI、MN 的 H、V 面落影。

由于侧垂阴线 MJ 的正面落影应与其同面投影平行等长，故过 m'_v 作 $m'j'$ 的平行等长线 $m'_vj'_v$，即得侧垂阴线 MJ 的正面落影。

连线 $j'_vi'_v$ 即得正垂阴线 IJ 的正面落影。它是一条与光线投影方向一致的 $45°$ 线（图 11-3d）。

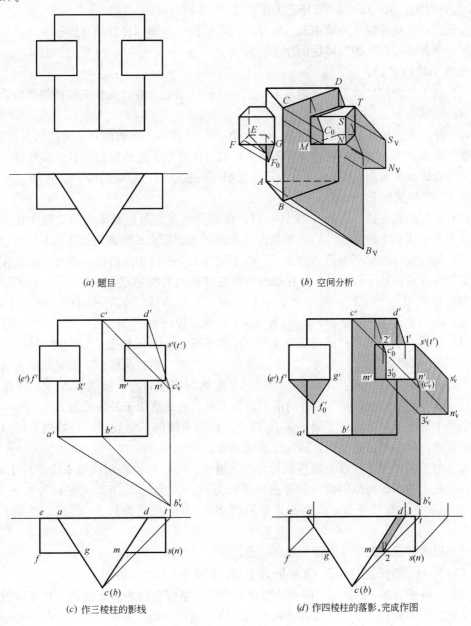

(a) 题目

(b) 空间分析

(c) 作三棱柱的影线

(d) 作四棱柱的落影，完成作图

图 11-4 求作组合体的阴影

台基的右前棱面在正面投影中为可见阴面。

用细密点填充可见阴面和影区，完成作图（图 11-3d）。

11-4　已知如图 11-4（a）所示，求作该组合体的阴影。

[解]　分析：图 11-4（a）中的组合体由左右对称的两横向贴墙四棱柱与纵向的悬空贴墙三棱柱组合形成。

三棱柱的底面和右前棱面为阴面，其阴线为空间折线 $ABCD$（其中 AB、CD 为水平线，BC 为铅垂线）；左侧四棱柱的阴面为底面，其阴线是平面折线 EFG（其中 EF 为正垂线，FG 为侧垂线）；右侧四棱柱的阴面为底面和右端面，其阴线为空间折线 $MNST$（MN 为侧垂线，SN 为铅垂线，ST 为正垂线）（图 11-4b）。

左侧四棱柱将落影于外墙面和三棱柱的左前棱面；右侧四棱柱将落影于外墙面；三棱柱将落影于外墙面和右侧四棱柱的顶面和前表面（图 11-4b）。

作图（图 11-4d）：

(1) 由于横向四棱柱会部分地落影于三棱柱的棱面上，故宜先作三棱柱的落影，如图 11-4（c）所示。

(2) 作左侧四棱柱的落影（图 11-4d）：该四棱柱落影于外墙面和三棱柱的左前棱面，根据投影面垂直线的落影特性，正垂阴线 EF 的正面落影不论承影面的多少和复杂与否均是一条与光线投影方向一致的 45°线；F 点落影于三棱柱的右前棱面得 f_0'，连线 $f_0'g'$ 即得侧垂线 FG 在该棱面上的落影。

(3) 作右侧四棱柱的落影（图 11-4d）：该部分形成的落影是本例的关键所在。三棱柱上的水平阴线 CD 的端点 C 的实影点为 c_0'，原 c_v' 为虚影点，由此可知阴线 CD 落影于外墙面、右侧四棱柱的水平顶面和前表面。由于阴线 CD 平行于四棱柱的顶面，故其在该面上的落影与自身保持平行。过 CD 在墙面与四棱柱顶面的折影点 Ⅰ（$1'$，1），作 CD 的平行线得折影点 Ⅱ（$2'$，2），即 $c'd' \parallel 1'2'$，$cd \parallel 12$；连线 $2'c_0'$，则 DⅠ（$d'1'$，$d1$）、ⅠⅡ（$1'2'$，12）、ⅡC_0（$2'c_0'$，$2c_0$）为阴线 CD 的三段落影。

(4) 过 c_0' 在右侧四棱柱的前表面上作 $c'b'$ 的平行线与 $m'n'$ 相交于 $3_0'$，过 $3_0'$ 作 45°线与 CB 的影线 $c_v'b_v'$ 相交得 $3_v'$。则 $3_0'$、$3_v'$ 为过渡点对。它表明铅垂阴线 CB 被中间点 Ⅲ（图中未作出）分为两段。中间点 Ⅲ 的实影既落影于右侧四棱柱的前下棱线 MN 上，又落影于外墙面，即 CⅢ落影于右侧四棱柱的前表面为 $c_0'3_0'$，ⅢB 落影于外墙面为 $3_v'b_v'$。

阴影中过渡点对总是位于同一条 45°线上。根据直线的落影规律，巧妙地利用过渡点对间的联系，可实现快速作图，简化作图的功效。

(5) 由于四棱柱上有效的侧垂阴线 ⅢN（属于 MN）与铅垂阴线 SN 均平行于墙面，故其在墙面上的落影与原阴线的同面投影平行等长。因此过 $3_v'$ 作 $3_v'n_v'$ 平行等长于 $3_0'n'$，过 n_v' 作 $n_v's_v'$ 平行等长于 $n's'$；至于正垂阴线 ST，其正面落影应为 45°线，连线 $t's_v'$ 即为所求。

(6) 用细密点填充可见阴面和影区，整理后完成作图（图 11-4d）。

11-5　已知如图 11-5（a）所示，求作墙中橱窗的阴影。

[解]　分析：图 11-5（a）所示的橱窗由窗套、格板和内外墙面组成，其正面投影中的可见承影面主要有三个：外墙面、内墙面、格板的前表面。橱窗的窗套为凸出外墙面的异型六棱柱，其外缘阴线为 $ABCD$ 和过 A、D 的两条正垂棱线（阴线），它们均落影于外

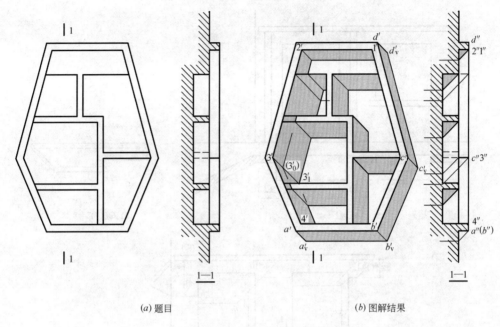

(a) 题目   (b) 图解结果

图 11-5　求作墙中橱窗的阴影

墙面；内缘阴线ⅠⅡⅢⅣ落影于中间格板的前表面、窗洞内墙面以及窗套和格板的内表面
（在 1-1 剖面图中部分可见）；格板的阴线也将部分地落影于窗套内壁和竖向隔板的左侧
面上。

作图（图 11-5b）：

（1）位于窗套外缘前端面的阴线 ABCD 均平行于外墙面，根据投影面平行线的落影
特性，只要作出点 A 在外墙面上的落影 a'_v，再过 a'_v 依次作对应阴线的平行等长线，最后
连线 $a'a'_v$、$d'd'_v$，即得窗套外缘阴线在外墙面的落影。

（2）同理，窗套内缘前端面的阴线ⅠⅡⅢⅣ也平行于格板的前表面和窗洞内墙，作出
点Ⅲ在格板前表面的落影点 $3'_0$（虚影）和在窗洞内墙的落影点 $3_1'$，再过 $3'_0$ 和 $3_1'$ 分别作对
应内缘阴线的平行等长线，并取其有效部分，即求得窗套内缘阴线在格板前表面和内墙面
的落影。

（3）同理，作格板在内墙面上的落影。

本例中有较多的过渡点对，它们位于同一条 45°线上，根据直线的落影规律，巧妙地
利用过渡点对间的联系，可实现快速作图，简化作图的功效。

用细密点填充影区，整理后完成作图（图 11-5b）。

11-6　已知如图 11-6（a）所示，求作房屋（局部）的阴影。

［解］　分析：建筑形体一般较复杂，作图前应采用形体分析法化整为零，即将其分解
为基本的几何体，然后根据常用光线的投射方向，从位于左前上方迎着光照方向的大形体
开始着手作图，最后作相对右后下方的小形体。

在图 11-6（a）中，门窗洞为虚体四棱柱，台阶、窗台与门柱为实体四棱柱，雨篷由
两四棱柱组合形成，它们在墙面和地面上的落影与四棱柱的落影相似。由于窗扇和门扇可
理解为关闭，故窗扇和门扇上均可承影。

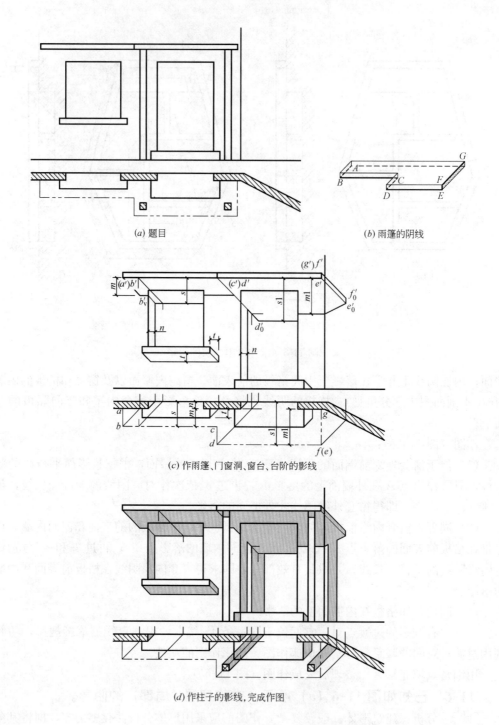

(a) 题目

(b) 雨篷的阴线

(c) 作雨篷、门窗洞、窗台、台阶的影线

(d) 作柱子的影线,完成作图

图 11-6 求作房屋(局部)的阴影

作图时,宜先作雨篷的落影(图 11-6b)。雨篷的阴线为折线 ABCDEFG,其落影于外墙面和窗扇、门扇上;再作门窗洞、窗台和台阶的落影;窗洞落影于窗台台面、窗扇以及不可见的洞口右侧面;门洞落影于台阶踏面、门扇以及不可见的门洞右侧面;窗台落影于外墙面;台阶落影于地面和外墙面(图 11-6c)。

由于门柱"顶天立地"，其上部被雨篷遮挡，故宜最后作门柱的落影：左门柱落影于地面、台阶踢面和踏面、门扇；右门柱落影于地面和斜墙上（图 11-6d）。由于立柱的存在，雨篷会部分地落影于立柱的左前表面，应予考虑。

作图（图 11-6d）：

（1）四棱柱是绝大多数建筑构件的共同基础，其阴线均为投影面的垂直线，它的落影作图在建筑形体阴影的图示过程中反复运用。根据直线的落影规律，投影面垂直线在它所垂直的投影面上的落影总是一条与光线投影方向一致的 45°线；而它在另一个投影面（或其平行面）上的落影，不仅与原直线的同面投影平行等长，且其距离等于该直线到承影面的距离（即阴线到承影平面的距离等于其影线与阴线的同面投影之间的距离）。

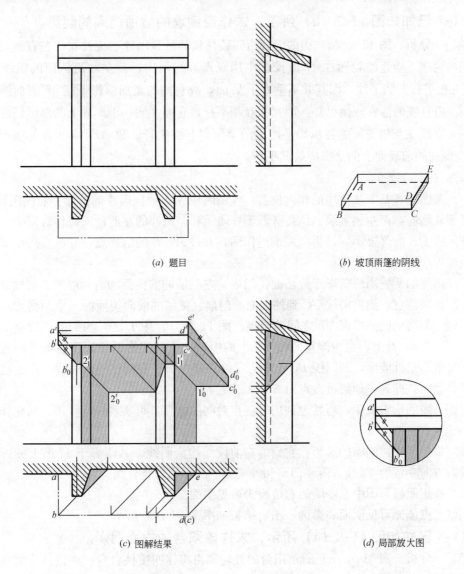

(a) 题目   (b) 坡顶雨篷的阴线

(c) 图解结果   (d) 局部放大图

图 11-7　求作门廊的阴影

（2）雨篷的落影作图：AB 为正垂阴线，其墙面落影 $a'b'_v$ 为 45°线；BC 为距外墙面

m、距窗扇 s 的侧垂阴线，其部分落影于外墙面，且与 $b'c'$ 相距仍为 m，部分落影于窗扇与 $b'c'$ 相距仍为 s；CD 为正垂阴线，无论承影面怎么变化，其正面落影均为 45°线（若无前立柱，则 d_0' 为实影点）；DE 为距外墙面 $m1$、距门扇 $s1$ 的侧垂阴线，其部分落影于外墙面与 $d'e'$ 相距仍为 $m1$，部分落影于门扇与 $d'e'$ 相距仍为 $s1$（DE 落影于斜墙上的影线最后连线作图）；FG 为正垂阴线，无论承影面怎么变化，其正面落影均为 45°线；EF 为铅垂阴线，其在铅垂斜墙上的落影 $e_0'f_0'$ 与 $e'f'$ 平行等长；最后连线 DE 落影于斜墙上的那段影，从而完成雨篷的影线作图（图 11-6b、c）。

（3）同理，依次作其他建筑构件的落影，最后作两门柱的落影，用细密点填充影区，整理后完成作图（图 11-6d）。

11-7 已知如图 11-7（a）所示，求作带侧墙的坡顶门廊的阴影。

［解］ 分析：图 11-7（a）中的门廊由四棱柱状的坡顶雨篷、棱柱状的左右侧墙、外墙、门扇构成。雨篷的轮廓在 H 面投影中用双点画线画出，其左右两侧面的阴线 AB、DE 是互相平行的侧平线，因其并不垂直于 V 面，故它们的正面落影不是 45°方向线（图 11-7b）。由直线的落影规律可知：两直线互相平行，它们在同一承影面上的落影仍表现平行；同一直线在互相平行的各承影平面上的落影仍互相平行。故 AB、DE 在外墙面、门扇、左侧柱的前表面上的落影应彼此平行。

作图（图 11-7c）：

（1）考虑到各基本几何体的相对位置，作图时应先作坡顶雨篷的落影：右侧阴线 DE 仅落影于外墙面，而左侧阴线 AB 会落影于外墙面和左侧柱的左前棱面，相对复杂。因此宜先作阴线 DE 的落影 $d_0'e'$，再向左推进作图，并过 A、B 的落影点 a'、b_0' 直接作 $d_0'e'$ 的平行线即可（图 11-7c）。

（2）雨篷的侧垂阴线落影于外墙面、门扇、左侧墙的前棱面和右侧墙的左前棱面。作图时，应特别注意，侧垂阴线 BC 到外墙面、门扇、侧墙的前向棱面的三个距离均对应其三段影线与阴线的同面投影 $b'c'$ 之间的距离。图 11-7（c）中 $1_1'$、$1_0'$ 为影的过渡点对，它们位于同一条 45°线上，意指侧垂阴线 BC 上的中间点 I 的实影既落影于右侧柱的右前棱线上，又落影于外墙面，即阴线 BC 上的点 I 之左将落影于右侧柱的前表面，点 I 之右将落影于外墙面。同理，理解过渡点对 $2_1'$、$2_0'$。

根据直线的落影规律，巧妙地利用过渡点对间的联系，可实现快速作图、简化作图的功效。

（3）最后，作两侧墙的落影。它们的右前棱线均为阴线，其落影于 H 面上的影是与光线投影方向一致的 45°线，落在门扇和外墙面上的影均为竖直线。

（4）在正面投影图中左侧墙的右棱面为可见阴面。

用细密点填充可见阴面和影区，图解结果如图 11-7（c）所示。

11-8 已知如图 11-8（a）所示，求作该阳台的立面阴影。

［解］ 分析：图 11-8（a）所示阳台的外轮廓由实体四棱柱台身、四棱柱挑檐和虚体四棱柱门洞以及花饰组合而成。除花饰外，各基本体的阴线均是投影面的垂直线。由直线的落影规律和阳台突出外墙面的尺寸 m、n，即可直接在图上作出阳台的立面阴影（图 11-8b）。

花饰的作图宜放到最后。作图时，除投影面的垂直阴线之外，要特别注意侧平阴线的落影。根据直线的落影规律，同一条阴线落影于多个平行的承影面时，其落影亦彼此平行，故其在台身前表面和外墙面上的落影应彼此平行。

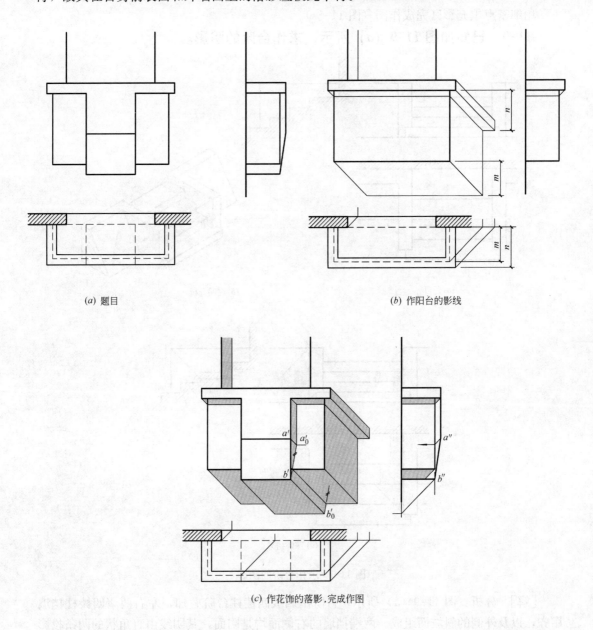

(a) 题目

(b) 作阳台的影线

(c) 作花饰的落影,完成作图

图 11-8　求作阳台的立面阴影

　　作图（图 11-8c）：
　　（1）除去花饰的阳台立面影线作图见图 11-8（b）。
　　（2）花饰的阴影作图见图 11-8（c）。其关键点是侧平阴线 AB 在台身前表面的落影，作图过程为：扩大台身前表面与阴线 AB 相交于 B，则 b' 即为端点 B 在台身前表面的落影点（虚影）的正面投影；作端点 A 在台身前表面上的落影点 a'_0，连线 $a'_0 b'$，并取其有效

91

部分,即得侧平阴线 AB 在台身前表面的落影。

至于该直线在外墙面上的另一段落影,则过侧平阴线的端点 B 在外墙面上的实影点 b_0' 作 $a_0'b'$ 的平行线,并取其有效区段即为所求。

用细密点填充影区完成作图(图 11-8c)。

11-9 已知如图 11-9 (a) 所示,求作台阶的阴影。

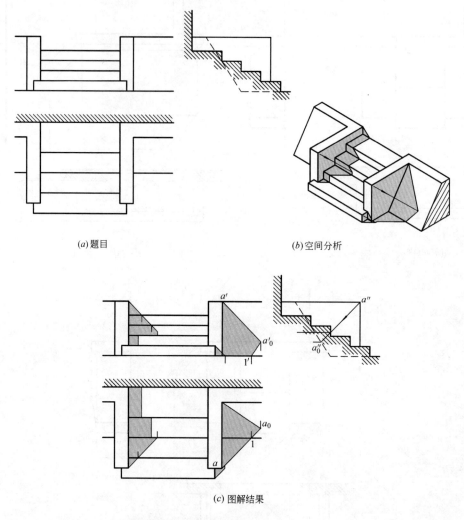

(a) 题目   (b) 空间分析

(c) 图解结果

图 11-9 求作台阶的阴影

［解］ 分析:图 11-9 (a) 所示,台阶由四级四棱柱台阶叠加,左右两堵四棱柱挡墙靠齐,以及外侧的斜坡面组成。两端挡墙的右侧面均是阴面,其阴线由直角状的两条投影面垂直线组成。左侧挡墙落影于地面、台阶面和外墙面;右侧挡墙落影于地面和斜坡面。最下一级台阶也将落影于地面和右挡墙的前表面。两侧挡墙的落影相对独立,可分开作图。

根据直线的落影规律,投影面垂直线在它所垂直的承影面上的落影是与光线的投影方向一致的 45°线;而在另外投影面(或其平行面)上的落影与原直线的同面投影保持平行;且同一条直线在多个彼此平行的承影面(如全部踏面或全面踢面)上的落影应彼此平行。

作图（图 11-9c）：

（1）作右侧挡墙的落影：右侧挡墙阴线的共有点 A 落影于斜面上，其落影点 A_0 （a_0，a_0'，a_0''）可通过侧面投影 a_0'' 直接获得（若无侧面投影可以利用，则应采用一般位置直线（这里特指常用光线）与一般位置平面相交求交点的方法作图）。根据投影面垂直线的落影规律，正垂阴线的正面落影是与光线投影方向一致的 $45°$ 线；铅垂阴线的水平落影也是一条与光线投影方向一致的 $45°$ 线；从而可得到铅垂阴线落影于地面和斜面的折影点 I（$1'$，1）。

（2）作左侧挡墙的落影，如图 11-9 (c) 所示。

（3）作最下一级台阶的右侧面在地面与右挡墙前表面的落影。

用细密点填充影区，整理后完成作图。

11-10　已知如图 11-10 (a) 所示，求作烟囱在坡屋面上的落影。

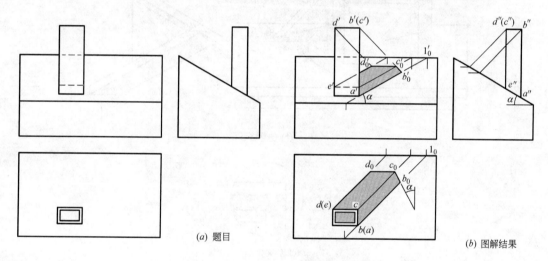

(a) 题目　　　　(b) 图解结果

图 11-10　求作烟囱在坡屋面上的落影

[**解**]　分析：图 11-10 (a) 中的烟囱为四棱柱，其承影面为同一个坡屋面。

烟囱的阴线为空间折线 $ABCDE$（图 11-10b）。根据铅垂线的落影特性，不论承影面的多少与形态如何，其 H 面落影总是一条与光线的投影方向一致的 $45°$ 线，而落影的其余两投影呈对称图形。因此，铅垂阴线 AB 和 DE 的落影，在 H 面投影中都是 $45°$ 方向线，在 V 面投影中则反映坡屋顶的坡度 α。

作图（图 11-10b）：

（1）铅垂阴影 AB、DE 在坡屋面上的落影可根据上述投影面垂直线的落影特性作图，也可借助侧面投影直接作图，还可理解为过铅垂阴线的光线平面与屋面相交得交线 $A I_0$。（$a'1_0'$，$a1_0$）（以包含 AB 的光线平面为例），从而求得其落影的各面投影。

（2）同理，正垂阴线 BC 在屋面上的 V 面落影为 $45°$ 线，其 H、W 面落影也呈对称图形，即 c_0b_0 反映 α 倾角的实形。至于侧垂阴线 CD，由于其平行于侧垂的屋面，故其在屋面上的落影 C_0D_0（$c_0'd_0'$，c_0d_0）平行等长于同面投影 $c'd'$ 和 cd。

（3）用细密点填充影区，整理后完成作图（图 11-10b）。

11-11 已知如图 11-11（a）所示，求作单坡顶天窗的阴影。

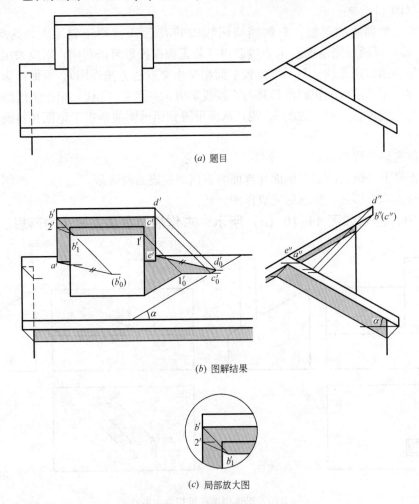

(a) 题目

(b) 图解结果

(c) 局部放大图

图 11-11　求作单坡顶天窗的阴影

[解] 分析：图 11-11（a）所示，建筑形体由窗体、单坡窗盖和坡屋面组成。单坡顶窗盖形似四棱柱，其底面为阴面，阴线由上倾的侧平线 AB、侧垂线 BC、铅垂线 CD 和侧平线 DE 组成（图 11-11b）。窗盖会落影于前屋面和窗体的左、前表面；窗体的阴线只有右前的铅垂棱线一条。根据投影面垂直线的落影规律，铅垂线落影的 V、W 面投影必呈对称图形，即铅垂线落影的 V 面投影与侧垂屋面的 W 面积聚投影成对称图形（亦即铅垂线的 V 面落影反映承影屋面的 α 倾角）。

作图（图 11-11b）：

（1）作窗盖的落影。由于窗盖的左侧面将落影于屋面和窗体的左、前表面，而窗盖的右侧面仅落影于屋面，相对简单些。因此宜从右侧的铅垂阴线 CD 开始着手作图。

（2）铅垂阴线 CD 落影的 V 面投影可根据铅垂线落影的 V、W 面投影的对称特性作图，也可根据侧面投影直接作图 $c_0'd_0'$（图 11-11b）。它在屋面上落影的 V 面投影反映该屋面倾角 α 的实形。

连线 $e'd_0'$，即为侧平阴线 DE 在屋面上的落影。

（3）侧垂阴线 BC 平行于窗体的前表面和屋面，因此它在这两个承影面上的落影是同面投影 $b'c'$ 的平行线。b_1' 是端点 B 落影于窗体的前表面的实影点，b_0' 是该点落影于屋面的虚影点。$1'$、$1_0'$ 是过渡点对。

（4）侧平阴线 AB 平行于 DE，其在屋面上的落影亦平行于 DE 的屋面落影 $e'd_0'$，过 a' 作 $e'd_0'$ 的平行线并取其有效部分，即得 AB 在屋面上的落影（或连线 $a'b_0'$，并取其有效部分即可）。由于 AB 的 B 端点落影于窗体的前表面，为求作 AB 在窗体的前表面上的那段落影，扩大承影面（窗体的前表面）与阴线 AB 相交于 $2'$，连线 $2'b_1'$ 并取其有效部分，即得 AB 在窗体的前表面上的落影（图 11-11b、c）。至于 AB 在窗体左侧面上的落影，按投影关系过折影点直接作图，并保持与 $a'b'$ 平行即可（图 11-11b）。

（5）窗体的阴线仅右前棱线一条，其屋面落影的 V 面投影反映屋面倾角 α 的实形。

（6）作屋面前檐口线的落影。用细密点填充可见阴面和影区，整理后完成作图（图 11-11b）。

11-12　已知如图 11-12（a）所示，求作 L 型双坡房屋出檐的阴影。

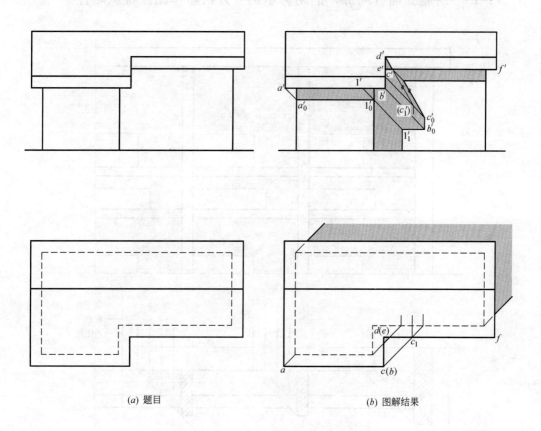

（a）题目　　　　　　　　　　（b）图解结果

图 11-12　求作 L 型双坡顶房屋出檐的阴影

［解］　分析：依题意，本例无需 W 面投影求解，故图 11-12（a）中屋顶的有效阴线由侧垂线 AB、铅垂线 BC、侧平线 CD 和侧垂线 EF 组成（图 11-12b）。

侧垂线 AB 将落影于两前向的房屋立面；铅垂线 BC 落影于房屋的右前立面；侧平线 CD 落影于右侧的封檐板和房屋的右前立面；侧垂线 EF 落影于房屋的右前立面。

　　作图（图 11-12b）：

　　(1) 檐口线 AB 的落影分为两段，AⅠ段落影于左边房屋的正面墙上，为 $a_0'1_0'$；ⅠB 段落影于右边房屋的正面墙上，为 $1_1'b_0'$。$1_0'$ 和 $1_1'$ 为过渡点对；铅垂阴线 BC 落影于与之平行的右边房屋的正面墙上，其落影 $b_0'c_0'$ 与 $b'c'$ 平行等长。

　　(2) 侧平阴线 CD 的落影也分为两段。首先应作出其在封檐板上的落影，为此在水平投影中过 c 作 45°线与檐口线交于 c_1，从而求得 c_1'，c_1' 即为阴点 C 在封檐板上的虚影；连线 $d'c_1'$，并取其有效区段，即得阴线 CD 在封檐板上的落影（点 D 属于封檐板，其落影就是它本身）。其次由于阴线 CD 落影于两个彼此平行的承影面上，其两段落影应彼此平行；故过点 C 的实影点 c_0' 作 $d'c_1'$ 的平行线，并取其有效区段，即完成 CD 的两段落影。

　　(3) 最后，作侧垂阴线 EF 在房屋右立面的落影。用细密点填充影区，整理后完成作图（图 11-12b）。

11-13　房屋立面（局部）的阴影示例（分析与作图过程从略）。

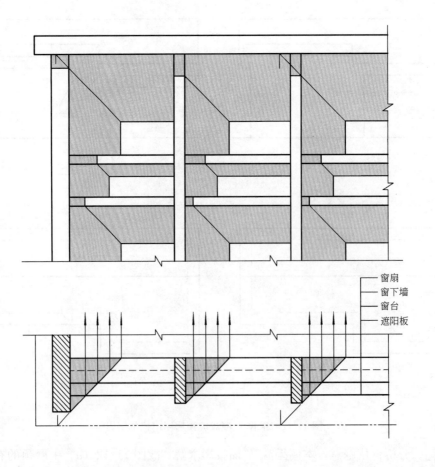

图 11-13　房屋立面（局部）的阴影示例

11-14 房屋立面（局部）的阴影示例（分析与作图过程从略）。

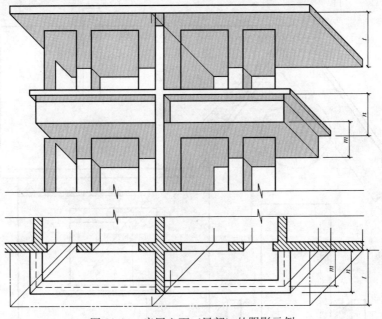

图 11-14　房屋立面（局部）的阴影示例

11-15 房屋的阴影综合示例（分析与作图过程从略）。

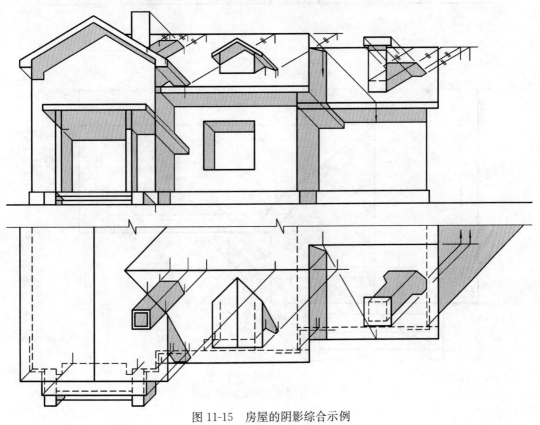

图 11-15　房屋的阴影综合示例

11-16 房屋的阴影综合示例（分析与作图过程从略）。

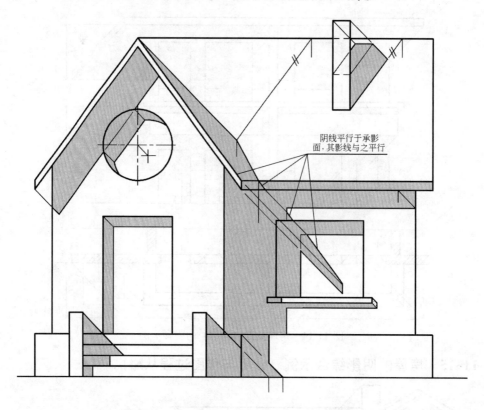

阴线平行于承影
面，其影线与之平行

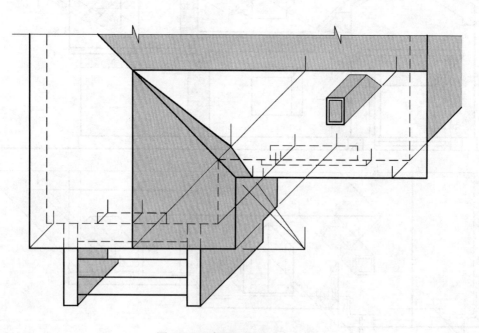

图 11-16 房屋的阴影综合示例

第十二章 曲面立体的阴影

12-1 已知如图 12-1 (*a*) 所示，求作贴墙组合体的阴影。

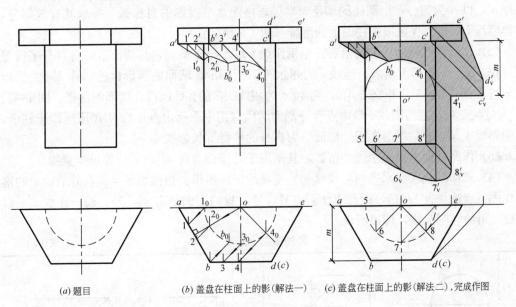

(*a*) 题目 (*b*) 盖盘在柱面上的影 (解法一) (*c*) 盖盘在柱面上的影 (解法二)，完成作图

图 12-1 求作贴墙组合体的阴影

[解] 分析：图 12-1 (*a*) 所示的组合体由贴墙高悬的半圆柱和正上方的前半个正六棱柱盖盘叠加形成。盖盘阴线为空间折线 *ABCDE*，其中 *AB*、*DE* 为水平线，*BC* 为侧垂线，*CD* 为铅垂线 (图 12-1*b*)。盖盘将落影于外墙面和柱面，且 *AB*、*BC* 落影于柱面的那部分影线应为曲影线；半圆柱的阴线为底面的一段水平圆弧和柱面右前方的一条直素线，其落影均在外墙面。半圆柱阴线的右侧区域为可见阴面。

作图 (图 12-1*b*、*c*)：

(1) 首先，如上分析确定圆柱的阴线和棱柱的阴线及可见阴面。根据上叠加，上大下小的组合体宜先作上方形体落影的作图原则。先求作多边形盖盘在柱面上的落影，方法有二：

其一 (图 12-1*b*)，利用柱面的积聚投影，逐点求作阴点Ⅰ、Ⅱ、*B*、Ⅲ、Ⅳ在柱面上的落影。为此，过圆柱面的水平投影最左点 1_0 作 45° 反回光线交 *ab* 于 1，从而求得 $1'$；再过 $1'$ 作 45° 线交圆柱面的最左素线于 $1'_0$，该点即为 *AB* 阴线落影于外墙面和圆柱面的折影点；连线 $a'1'_0$ 即得 *AB* 在外墙面上的落影。为了求出阴影 *AB* 落影于柱面上的曲影线的最高点，过圆心 *O* 的水平投影 *o* 作 *ab* 的垂线，该线交柱面积聚投影于 2_0；过 2_0 作 45° 反回光线交 *ab* 于 2，从而求得 $2'$；再过 $2'$ 作 45° 线与过 2_0 向上作的竖直线交于 $2'_0$，该点即为阴线 *AB* 落影于圆柱面上的曲影线的最高点。依投影关系，求作点 *B* 在柱面上的落影 b'_0，连线 $1'_0 2'_0 b'_0$ 成光滑的曲线，即得阴线 *AB* 的Ⅰ*B* 区段在柱面上的落影。同理，用反回光线法求作阴线 *BC* 在圆柱面最

99

前素线上的影点 $3_0'$，在柱面铅垂阴线上的影点 $4_0'$（$4_0'$ 为侧垂阴线 BC 上的 BⅣ区段在圆柱面上的落影的最低点，$3_0'$ 为落影的最高点），连线 $b_0'3_0'4_0'$ 成光滑的圆弧，即得阴线 BC 的 BⅣ区段在柱面上的落影，从而完成整个盖盘在柱面上的落影（图 12-1b）。

其二（图 12-1c），AB 的落影曲线 $1_0'2_0'b_0'$ 作法不变；BC 为侧垂阴线，其落影于铅垂的圆柱面上。根据投影面垂直线的落影特性，侧垂阴线在铅垂承影面上的 V、H 面落影应是对称的图形。现柱面的 H 面投影积聚为圆周，阴线 BC（到 V 面的距离为 m）在柱面上的 H 面落影也重影在该圆周上。为此，在圆柱轴线的正面投影上确定距 $b'c'$ 为 m 的下方点 o'，以 o' 为圆心，以圆柱的半径为半径画柱面水平投影的对称弧，并取其有效部分，即得阴线 BC 的 BⅣ区段在柱面上的落影（图 12-1c）。

（2）作盖盘在外墙面上的落影：铅垂阴线 CD 平行于墙面，其墙面落影与自身平行等长，作 $c_v'd_v' // c'd'$ 即为所求；连线 $e'd_v'$ 得水平阴线 DE 在墙面的落影；过 c_v' 作 $b'c'$ 的平行线与过 $4_0'$ 所作的 45°线相交于 $4_1'$，则 $4_1'c_v'$ 为阴线 BC 的ⅣC区段在墙面的落影。图中 $4_0'$、$4_1'$ 为过渡点对，意指阴线 BC 由点Ⅳ分割为两段（图中未标出点Ⅳ），BⅣ段落影于柱面，为曲影线 $4_0'b_0'$，ⅣC段落影于外墙面，为自身的平行等长影线 $4_1'c_v'$。

（3）作圆柱面上铅垂阴线的落影，其落影于外墙面为过 $4_1'$ 的平行等长竖直线。

（4）求作圆柱底面水平的阴线弧Ⅴ Ⅵ Ⅶ Ⅷ的正面落影：根据水平半圆在外墙面上的落影作图五点法（表 12-1），逐点求作阴点Ⅵ、Ⅶ、Ⅷ的正面落影 $6_v'$、$7_v'$、$8_v'$，连线 $5'6'7'8_v'$ 成光滑的椭圆弧线，即得所求。

圆的落影一览表　　　　　　　　　　　　　　　　　　表 12-1

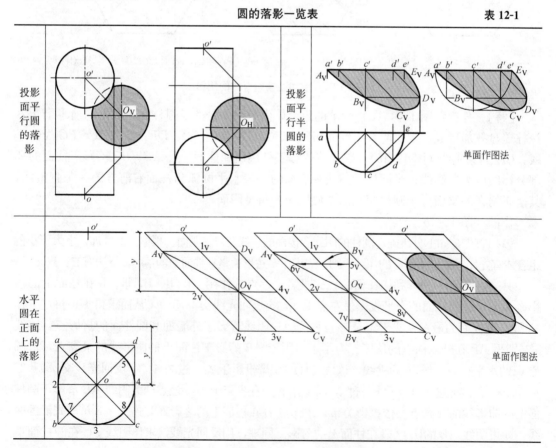

（5）用细密点填充可见阴面和影区，整理后完成作图（图 12-1c）。

12-2 已知如图 12-2（a）所示，求作带小檐和方形立柱的壁龛的阴影。

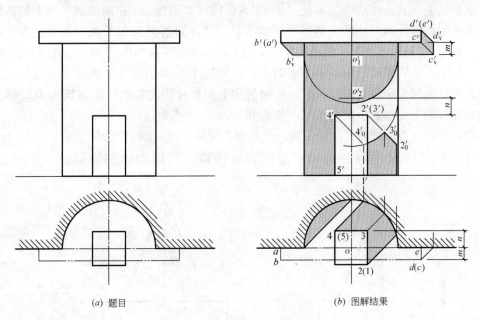

(a) 题目   (b) 图解结果

图 12-2　求作带小檐和立柱的壁龛的阴影

[解]　分析：图 12-2（a）所示的壁龛由凹入墙内的半圆柱面、上方冠以四棱柱状的小檐和下方落地的方形立柱组合形成。小檐的阴线由空间折线 $ABCDE$ 组成。其中 AB、DE 为正垂线，BC 为侧垂线，CD 为铅垂线。小檐将落影于外墙面和内凹的半圆柱面。根据投影面垂直线的落影规律，小檐上侧垂的阴线 BC 的 V 面落影应与承影柱面的 H 面积聚投影成对称图形。

方形立柱将落影于地面和内凹的半圆柱面，其阴线由空间折线 I II III IV V 组成。其中 I II、IV V 为铅垂线，II III 为正垂线，III IV 为侧垂线。同上所述，侧垂阴线 III IV 落影于内凹圆柱面上的影的 V、H 面投影成对称图形。

内凹半圆柱面的阴线只有最左的铅垂素线一条，其水平落影应为 45°线，正面落影与自身平行。

作图（图 12-2b）：

（1）先作小檐在外墙面和内凹半圆柱面上的阴影：在此特别强调侧垂阴线 BC 在内凹圆柱面上的落影。其 V、H 面投影成对称图形，即落影的正面投影应为圆弧。圆弧的半径与圆柱的半径相等，落影圆弧的中心 o_1' 与 $b'c'$ 间的距离等于侧垂阴线 BC 到圆柱轴线间的距离，即 H 面投影中圆柱的轴线 o 到 bc 之距离 m。为此，在 V 面投影中，自 $b'c'$ 向下，在中心线上量取距离为 m 的点 o_1'。以 o_1' 为圆心，以圆柱半径为半径画圆弧，取与柱面的水平积聚投影对称的一段圆弧，即为 BC 在柱面上的落影。其余部分的作图，参见图 12-2b，不再赘述。

（2）作内凹半圆柱的阴影：内凹半圆柱的阴线只有最左的铅垂素线一条，其水平落影为 45°线，正面落影与其同面投影平行，即重影在中心轴线上。

101

（3）作方形立柱的阴影：方形立柱的阴线为空间折线ⅠⅡⅢⅣⅤ。其中铅垂阴线ⅠⅡ的水平落影为45°线，正面落影于内凹圆柱面上为$1'2'$的平行影线；正垂阴线ⅡⅢ全部落影于圆柱面上，其正面落影$2'_03'_0$是一条45°线；同侧垂阴线BC在内凹圆柱面上的落影一样，侧垂阴线ⅢⅣ的V、H面落影成对称图形，即正面落影为$3'_04'_0$弧，其半径等于圆柱半径，弧心o_2'到阴线ⅢⅣ的同面投影$3'4'$的距离等于水平投影中的34到圆柱轴线o的距离n。为此，在V面投影中，自$3'4'$向上，在轴线上量取距离为n的点o_2'；以o_2'为圆心、以圆柱半径为半径画圆弧，取与柱面的水平积聚投影对称的一段圆弧$3'_04'_0$，即为阴线ⅢⅣ在柱面上的落影。其余作图，参见图12-2b，不再赘述。

（4）用细密点填充可见阴面和影区，整理后完成作图（图12-2b）。

12-3　已知如图12-3（a）所示，求作锥、柱组合体的阴影。

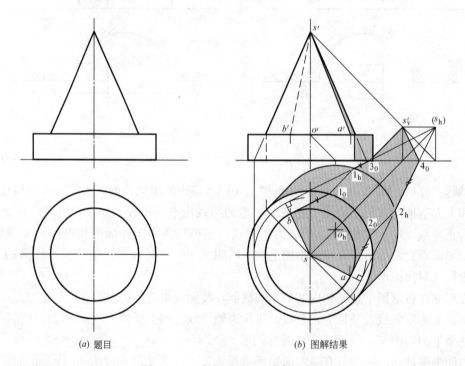

(a) 题目　　　　　　　　　(b) 图解结果

图12-3　　求作锥、柱组合体的阴影

[解]　分析：图12-3（a）所示的组合体由锥、柱同轴叠加形成。圆柱将落影于地面；而圆锥将落影于圆柱的顶面、地面和墙面。

作图（图12-3b）：

（1）确定锥、柱的阴线：圆柱的阴线作图如图12-3（b）所示。为了确定锥的阴线，考虑到圆锥并非落地，本着有利于解题的出发点，应扩大锥面与地面相交后作图。为此，在V面投影中延长圆锥的最左、最右素线与OX轴相交，并按投影关系画出锥面扩大后新底圆的H面投影（图12-3b）。作出锥顶S在墙面上的实影s'_v，在地面上的虚影s_h；过s_h作锥面新底圆的切线，这两条切线即为锥面阴线在H面上的影线。过两切点分别向锥顶s引直线，即得锥面阴线的H面投影。对应作出这两条阴线的正面投影，并取其属于原锥面的有效部分SA（$s'a'$，sa）、SB（$s'b'$，sb），即得锥面阴线的投影。

（2）作圆柱的阴影：圆柱落影于地面，其作图见图 12-3（b）。

（3）作圆锥的阴影：根据直线的落影规律，同一条阴线落影于多个彼此平行的承影面时，其落影应彼此平行。于是，同一条锥面阴线落影于地面与圆柱顶面的影应彼此平行。圆锥落影于地面的影线先前已求出。这两条影线均与 OX 轴相交得折影点 3_0、4_0（折线 $3_0 s'_v 4_0$ 即为锥顶部在 V 面上的落影），又与圆柱的 H 面影线相交得 1_h、2_h；过 a、b 分别作 $2_h 4_0$、$1_h 3_0$ 的平行线，交圆柱水平轮廓于 2_0、1_0，则 $a2_0$、$b1_0$ 为锥面阴线落影于圆柱顶面的影线的水平投影；$2_h 4_0$、$1_h 3_0$ 是其落影于地面的影线的水平投影。图 12-3（b）中，落影点 1_0、1_h 和 2_0、2_h 均为过渡点对，它们位于各自所在的 45°线上，且 $a2_0 // 2_h 4_0$、$b1_0 // 1_h 3_0$。

（4）用细密点填充可见阴面和影区，整理后完成作图（图 12-3b）。

12-4 已知如图 12-4（a）所示，设带圆锥形灯罩的落地灯的轴线与墙面相距 450mm。求作该落地灯在墙面上的阴影（作图时，距离线按 1∶10 的比例量取）。

［解］ 分析：这是一个锥面阴影的单面作图问题。

图 12-4（a）所示的锥面灯罩的阴线由锥底的一段水平圆弧、锥顶的一段水平圆弧与锥面的两条直素线组成。由于锥面的顶圆和底圆同为水平圆，其 V 面落影均为椭圆。这两个落影椭圆均根据水平圆 V 面落影的单面作图法作出，其两条外公切线则为对应阴线的影线。

作图（图 12-4c）：

（1）根据正锥阴线的单面作图法作出锥形灯罩的阴线（图 12-4b）。

（2）根据表 12-1 所示水平圆的 V 面落影椭圆的单面作图法作锥形灯罩底圆的 V 面落影椭圆。该椭圆的中心 o'_v 为水平底圆圆心 o' 的 V 面落影，两者的纵向和横向距离均为 45mm。即保证用 1∶10 的比例作图时，灯罩轴线距 V 面的实际距离为 450mm。

（3）同理，作灯罩顶圆的 V 面落影椭圆，其中心应位于过 o'_v 的竖直线上（图 12-4c）。

（4）作两落影椭圆的外公切线，即为锥形灯罩阴线的落影。这两条影线理论上对应于锥面的阴线，但由于椭圆采用八点法近似作图，故实际上并无严格意义上的对应关系。

（5）过 o'_v 作竖直粗线，即为灯杆的 V 面落影。

（6）用细密点填充可见阴面和影区，整理后完成作图（图 12-4c）。

12-5 已知如图 12-5（a）所示，设半球形灯罩距墙面 500mm。求作该灯具在墙面上的阴影（作图时，距离线按 1∶10 比例量取）。

［解］ 分析：这是一个球面阴影的单面作图问题。

图 12-5（a）所示的半球形灯罩的阴线由半个底圆（位于球面的最大水平圆）和位于球面的空间阴线半圆构成（图 12-5b、c）。

水平圆在外墙面上的落影椭圆依据表 12-1 所示的单面作图八点法较易；球面的空间阴线圆在外墙面上的落影椭圆依据八点法或四心圆弧法作图较易。

两椭圆影线的交点应是球形灯具表面两半圆阴线交点的落影。依投影对应关系取两影线椭圆的有效区段，即得半球形灯具的落影。

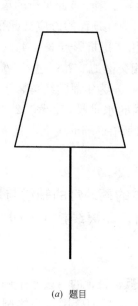

(a) 题目

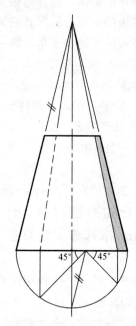

(b) 作锥面的阴线与阴面

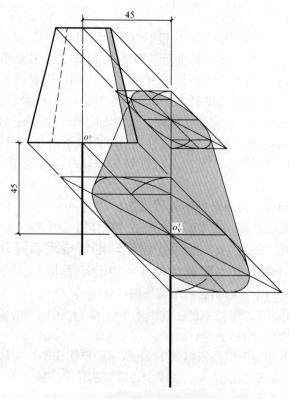

(c) 作灯罩、灯柱的落影,完成作图

图 12-4　求作锥形落地灯的阴影

104

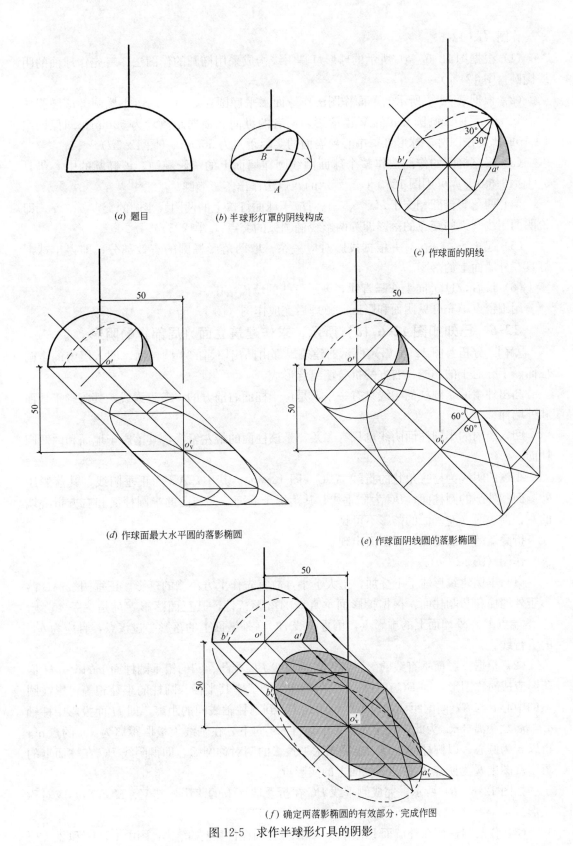

(a) 题目

(b) 半球形灯罩的阴线构成

(c) 作球面的阴线

(d) 作球面最大水平圆的落影椭圆

(e) 作球面阴线圆的落影椭圆

(f) 确定两落影椭圆的有效部分，完成作图

图 12-5　求作半球形灯具的阴影

作图（图 12-5）：

（1）根据图 12-5（b）所示的球形灯具阴线构成采用椭圆的作图法，首先作球面的阴线椭圆（图 12-5c）。

（2）根据表 12-1 所示的单面作图法作球面水平底圆在墙面上的落影椭圆。该椭圆的中心 o_v' 为水平阴线圆圆心 o' 的 V 面落影，两者的纵向和横向距离均为 50mm。即保证用 1:10 的比例作图时，球形灯罩中心到墙面的实际距离为 500mm（图 12-5d）。

（3）根据椭圆的作图法作整个球面阴线圆在墙面上的落影椭圆，该椭圆的中心仍是 o_v'（图 12-5e）。亦可用图 12-5（e）所示的八点法作出落影椭圆。

（4）两落影椭圆相交于 a_v'、b_v'，它对应于球面灯罩上的两阴线半圆的交点 a'、b'。即说明两阴线圆弧的交点的落影即为两影线椭圆弧的交点（图 12-5f）。

（5）起止于 a_v'、b_v'，并根据投影对应关系，取两落影椭圆的有效部分，即得半球形灯具在外墙面上的落影。

（6）最后，过 o_v' 向上作竖直线，表示灯线的墙面落影。

用细密点填充可见阴面和影区，整理后完成作图（图 12-5f）。

12-6 已知如图 12-6（a）所示，求作建筑立面（局部）的阴影。

[解] 分析：图 12-6（a）所示的建筑局部由凸出墙面的半圆柱面、凹入墙内的半圆柱面、上方冠于的小檐、右方的折叠墙组合形成。

凸出外墙的半圆柱面阴线只有一条，是位于柱面右前方的一条直素线，其落影于地面和外墙面。

凹入墙内的半圆柱面阴线也只有一条，是该柱面的最左素线，其落影于地面和内凹圆柱面。

小檐的阴线为呈直角状的折线 ABC（图 12-6b）。其中，AB 为正垂阴线，其落影于外墙面和外凸的圆柱面；BC 为侧垂线，其落影于墙面、凹与凸的半圆柱面和右方折叠墙的左、前表面（左表面的落影不可见）。

折叠墙的各面受光，无阴面出现。

作图（图 12-6b）：

（1）本例建筑形体上下叠加，上大下小，故宜先作上方小檐的落影。正垂阴线 AB 落影于外墙面和凸圆柱面，根据投影面垂直线的落影特性，其正面落影 $a'b_0'$ 是一条 45°线；b_1' 是端点 B 在外墙面上的虚影点，侧垂阴线 BC 在外墙面上的落影必过该点，且应为 $b'c'$ 的平行线。

（2）根据投影面垂直线的落影特性，侧垂线 BC 在凸、凹的铅垂圆柱面上的 V、H 面落影应成对称图形。即 BC 在柱面上的落影应为圆弧，其半径与圆柱的半径相等；影线圆弧的中心 o' 与 $b'c'$ 间的距离，应等于该阴线 BC 到圆柱轴线间的距离，即 H 面投影中柱轴 o 与 bc 之距离 $3m$。为此，在正面投影中，自 $b'c'$ 向下，在轴线上量取距离为 $3m$ 的点 o'；再以 o' 为圆心、以圆柱的半径为半径画水平投影的两对称圆弧，即得阴线 BC 在柱面上的落影。图中 b_0' 为阴点 B 在凸圆柱面上的实影点。

如图 12-6（b）所示，完成侧垂线 BC 在折叠墙面上的落影，其 V、H 落影亦成对称图形。

（3）作凸圆柱面在外墙面上的落影，作凹圆柱面在自身上的落影：图中 $1_0'$、$1_1'$ 和 $2_0'$、$2_1'$

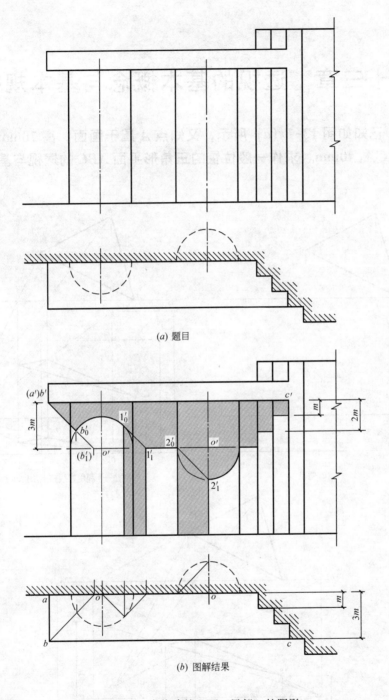

(a) 题目

(b) 图解结果

图 12-6　求作建筑立面（局部）的阴影

均为过渡点对。他们位于各自的 45°线上。

（4）用细密点填充可见阴面和影区，整理后完成作图（图 12-6b）。

第十三章　透视的基本概念与基本规律

13-1　已知如图 13-1（a）所示，又知点 A 属于画面，高 20mm，点 B 高 50mm，点 C 高 40mm。求作一般位置的三角形平面 ABC 的透视与基透视。

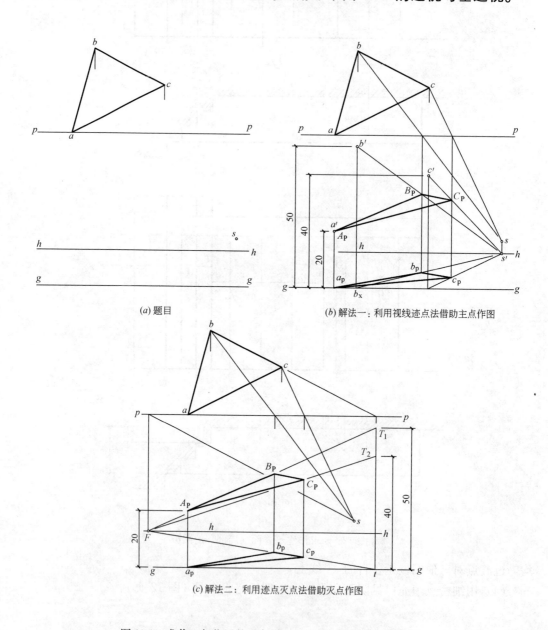

(a) 题目

(b) 解法一：利用视线迹点法借助主点作图

(c) 解法二：利用迹点灭点法借助灭点作图

图 13-1　求作一般位置的三角形平面 ABC 的透视与基透视

108

[解] 分析：本题的关键在于求作点 A、B、C 的透视与基透视。可利用视线迹点法借助主点直接作答，也可通过点 A、B、C 构造一组与画面相交的水平线，利用迹点灭点法借助灭点的概念作图。

作图一（图 13-16b）：

（1）利用视线迹点法借助主点作图。先在视平线 h-h 上确定主点 s'，根据点 A、B、C 的真高，按投影关系在图 13-1（b）所示的画面上标出点 A、B、C 的正面投影 a'、b'、c'。点 A 属于画面，其透视 A_P 就是它本身，即 A_P 重合于 a'；基透视 a_P 位于 A_P 正下方的基线上。过点 B 作视线 BS，其基面正投影是 bs，画面正投影是 $b's'$；过基面上 bs 与画面位置线 p-p 的交点，向下作竖直线，交 $b's'$ 于 B_P，则 B_P 即为点 B 的透视；过点 B 的水平投影 b 作空间视线 bS，其基面正投影仍为 bs，画面正投影为 b_xs'；过基面上 bs 与画面位置线 p-p 的交点，向下作竖直线交 b_xs' 于 b_P（等同于过 A_P 向下作竖直线交 b_xs' 得 b_P），则 b_P 即为点 B 的基透视。

（2）同理，作点 C 的透视 C_P 和基透视 c_P。

（3）上述作图在完全不变的情况下，也可理解为过空间的 A、B、C 点作了三条与画面相交的画面垂直线，垂足为 a'、b'、c'。这三条画面垂直线反映在透视图中为指向主点 s' 的三条全长透视线 $a's'$、$b's'$、$c's'$，然后再确定属于它们的透视 A_P、B_P、C_P。同理，确定基透视 a_P、b_P、c_P。

（4）连线 $A_PB_PC_PA_P$、$a_Pb_Pc_Pa_P$ 成封闭的图形，整理后完成作图（图 13-1b）。

作图二（图 13-1c）：

（1）利用迹点灭点法借助灭点作图。过空间的 A、B、C 点任作一组与画面相交的辅助水平线，考虑到作图空间的合理利用，兼顾图面的简洁，本例取 bc 连线为该组水平线的方向线（注意：三角形 ABC 的 BC 边并非水平线，过 B、C 所作的 bc 方向的水平线有两条，它们的水平投影重影在 bc 及其延长线上。这两条水平线在空间均不与 BC 共线）。

（2）在水平投影中，bc 与画面位置线 p-p 相交，过交点作向下竖直线交基线 g-g 于 t；在画面上自 t 向上量取 50mm 的真高线得 T_1，量取 40mm 的真高线得 T_2，则点 T_1 为过点 B 的水平线的画面迹点，点 T_2 为过点 C 的水平线的画面迹点。

（3）点 A 属于画面，其透视 A_P 就是它本身，即 A_P 重合于 a'；基透视 a_P 位于 A_P 正下方的基线上。

（4）作辅助水平线的灭点 F：在水平投影中，过站点 s 作 bc 的平行线交画面位置线 p-p 于一点；过该点向下作竖直线与视平线 h-h 交于点 F，则点 F 即为过点 A、B、C 所作的辅助水平线组的共同灭点。

（5）在画面中，连线 FT_1、Ft，即为过点 B 的水平辅助线的全长透视与全长基透视；连线 bs 与画面位置线 p-p 相交，并过交点向下作竖直线交两条全长透视线于 B_P、b_P。则 B_P 为点 B 的透视，b_P 为点 B 的基透视。

（6）同理，作点 C 的透视 C_P 和基透视 c_P。

（7）连线 $A_PB_PC_PA_P$ 和 $a_Pb_Pc_Pa_P$ 成封闭的图形，整理后完成作图（图 13-1c）。

13-2 已知如图 13-2（a）所示，又知点 A 高 5 个单位，点 B 高 8 个单位，点 C 高 6 个单位，点 D 高 4 个单位。求作点 B、C、D 的透视。

[解] 分析：已知点 A 的透视 A_P，基透视 a_P 与真高，即可按既定的方法得到灭点

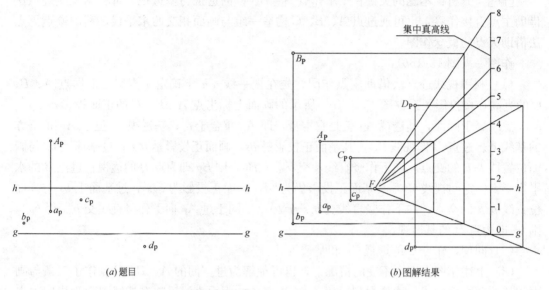

(a) 题目   (b) 图解结果

图 13-2　利用集中真高线，求作点 B、C、D 的透视

F。将点 A 的真高线等分为五份，并以此线作为基础，再向上延伸三等份作为点 A、B、C、D 的集中真高线，从而求得点 B、C、D 的透视。

作图（图 13-2b）：

（1）在视平线 h-h 上的适当位置确定灭点 F；在基线上的适当位置标记点 0，并过点 0 竖直向上作真高线，连线 $F0$；过 a_{p} 向右作水平横线与 $F0$ 交于一点；过该点向上作竖直线与过 A_{P} 向右所作的水平横线交于另一点；连线 F 与此点，并延长交真高线于 5。则 05 线即为点 A 的真高线。

（2）五等份 05 线，并向上延伸三等份，注明等份数，则该线即为点 A、B、C、D 的集中真高线。

（3）求作点 B 的透视 B_{P}：过 b_{p} 向右作水平横线交 $F0$ 于一点，过该点向上作竖直线与 $F8$ 连线交于一点，过该点向左作水平横线与过 b_{p} 向上作的竖直线相交，交点 B_{P} 即为所求。

（4）同理，作点 C、D 的透视 C_{P}、D_{P}，整理后完成作图（图 13-2b）。

讨论：点 A、B、C 的基透视位于视平线与基线之间，在空间，它们位于画面之后，即画面在视点与点 A、B、C 之间，其透视高度都小于真高。点 D 的基透视位于基线之下，在空间，它位于画面之前，即与视点一样同在画面的前方，其透视高度大于真高。

本例中的灭点 F 和集中真高线均可随图面情况画在图面的空白处，或图线稀疏处，而不会影响其作图结果。

13-3　已知如图 13-3（a）所示，又知 AB 是画面垂直线，其距基面 35mm；BC 为画面平行线，与基面成 30°角，且点 C 高于点 B。试求作直角三角形 ABC 的透视与基透视。

［解］　分析：图 13-3（a）所示的直角三角形的 AB 边为画面垂直线，其透视与基透视均应指向主点；BC 边为画面平行线，其透视为自身的平行线，基透视平行于基线。它

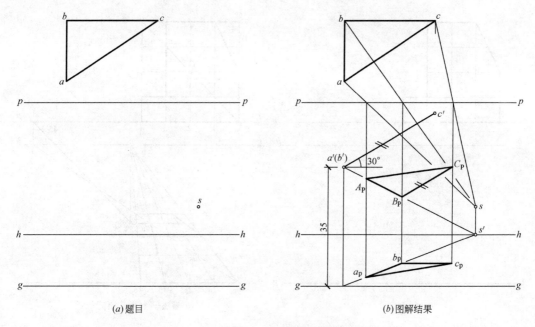

(a)题目　　　　　　　　　　　(b)图解结果

图 13-3　　求作直角三角形 ABC 的透视与基透视

们的透视特性鲜明，作图较易实现。而 AC 边为与画面相交的一般位置直线，其透视作图相对复杂一些。因此，本例应先求出 AB、BC 的透视与基透视，至于 AC 的透视与基透视，则对应连线即可。

作图（图 13-3b）：

（1）根据投影关系，在视平线 h-h 上作出主点 s'。

（2）作 AB 的透视与基透视：先根据已知条件和投影关系在画面上作出直角三角形的正面投影 $a'b'c'$（该投影积聚为一条直线，图中用细实线表示），标出 AB 的真高 35mm。AB 为画面垂直线，根据画面垂直线的透视特性，其透视与基透视均指向主点，故过 AB 的真高线的上下端点分别向 s' 引直线得 AB 线的全长透视与全长基透视。根据视线迹点法分别作视线 AS、BS 的水平投影 as、bs，使之与画面位置线 p-p 相交；过交点向下作竖直线交 AB 线的全长透视与全长基透视于 A_p、a_p、B_P、b_p；连线 A_PB_P、a_pb_p，即得 AB 的透视和基透视。

（3）作 BC 的透视与基透视：BC 为画面平行线，其正面投影 $b'c'$ 反映实长和倾角实形，按投影关系作出后，$b'c'$ 应与基线成 30°角。根据画面平行线的透视特性，BC 的透视应与自身平行，基透视与基线平行。于是，过 B_P 作 $b'c'$ 的平行线，使之与过 sc（视线 SC 的水平投影）和画面位置线 p-p 的交点向下作的竖直线交于 C_P，则 B_PC_P 即为 BC 的透视。过 b_p 作基线的平行线 b_pc_p，且 c_p 在 C_P 的正下方，则 b_pc_p 即为 BC 的基透视。

（4）连线 A_PC_P、a_pc_p，即得一般位置直线 AC 的透视与基透视。

（5）加粗 $A_PB_PC_PA_P$ 和 $a_pb_pc_pa_p$ 成封闭的图形，整理后完成作图（图 13-3b）。

13-4　已知如图 13-4（a）所示，求作基面上平面图形的透视。

[解]　分析：图 13-4（a）所示的网格图形位于基面上，故其透视与基透视重合。该网格图形主要含两个方向的直线。根据直线的透视规律，网格中垂直于画面的直线

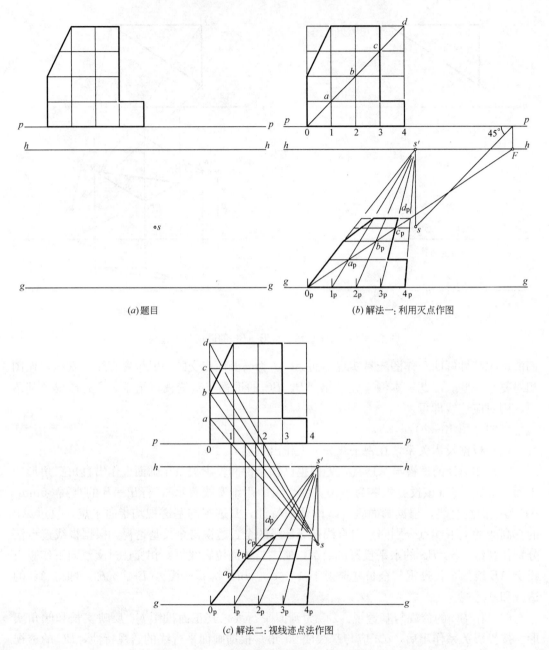

(a) 题目

(b) 解法一: 利用灭点作图

(c) 解法二: 视线迹点法作图

图 13-4　求作基面上平面图形的透视

组，其透视通过主点 s'；网格中平行于画面的直线组（即侧垂线组），其透视应平行于基线 g-g。

　　为作图简便起见，网格图形中的缺角部分应予补全。至于图中的水平斜线和切角，则应待整体的透视网格完成后对应连线即可。

　　本例是一个一点透视的作图问题。

　　作图一（图 13-4b）：利用灭点作图。

　　(1) 如图 13-4（b）所示补全方格网，作主点 s'；连方格网的对角线得 45°辅助线；

过站点 s 作 45°辅助线的平行视线交画面位置线 p-p 于一点；过该点向下作投影连线交视平线 h-h 于点 F。点 F 即为方形网格图的对角线的灭点。

（2）画面垂直线组的灭点是主点 s'，它们的端点 0、Ⅰ、Ⅱ、Ⅲ、Ⅳ 就在画面上。故画面迹点就是端点本身，即迹点就是基线 g-g 上的点 0_p、1_p、2_p、3_p、4_p。将这些点与主点 s' 分别相连，即得画面垂直线的全长透视。

（3）连线 $0_p F$，即得方格网 45°对角线的全长透视。该线与画面垂直线的透视相交于 a_p、b_p、c_p、d_p，过这四个点作基线的平行线，并取其有效部分，即得侧垂线组的透视。

（4）在完成的透视网格中对应画出斜线和缺口，加粗有效轮廓线，整理后完成作图（图 13-4b）。

作图二（图 13-4c）：视线迹点法作图。

（1）如图 13-4（c）所示，补全方格网，作主点 s'。

画面垂直线组的灭点是主点 s'，它们的端点 0、Ⅰ、Ⅱ、Ⅲ、Ⅳ 就在画面上。故画面迹点就是端点本身，即迹点就是基线 g-g 上的点 0_p、1_p、2_p、3_p、4_p。将这些点与主点 s' 分别相连，即得画面垂直线的透视。

（2）作视线 SA、SB、SC、SD 的水平投影 sa、sb、sc、sd。它们与画面位置线 p-p 相交；过这些交点向下作竖直线交画面垂直线 $0D$ 边的全长透视 $0_p s'$ 于 a_p、b_p、c_p、d_p；过这四个点作基线的平行线，并取其有效部分，即得侧垂线组的透视。

（3）在完成的透视网格中对应画出斜线和缺口，加粗有效轮廓线，整理后完成作图（图 13-4c）。

讨论：本例为合理地利用图幅，将基面与画面展开后重叠了一部分，所以站点 s 位于主点 s' 之下。作图时，基面上的所有投影点应与站点 s 相连（即平面图形、画面位置线 p-p、站点 s 同属于基面）；而视平线 h-h、基线 g-g、主点 s' 总是代表画面。

作空间视线的投影时，只有同名投影方可连线。

作图时，只要视距（站点 s 与画面位置线 p-p 的距离）不变，即视点、画面、物体三者的相对位置不变，投影面展开后，不论画面与基面是否重叠，其透视效果总是不变。

13-5　已知如图 13-5（a）所示，求作基面上平面图形的透视。

[解]　分析：图 13-5（a）所示的平面图形位于基面上，故其透视与基透视重合。

该平面图形只有两组互成直角，且均与画面倾斜的水平直线（高度为零）。根据平行线组的透视特性，这两组水平线均有各自的灭点，故本例是一个两点透视的作图问题。

作图（图 13-5）：

（1）如图 13-5（b）所示，标注平面图中的有关顶点。

（2）求主向灭点 F_X、F_Y：在平面图中作 sf_x // 32 连线、sf_y // 05 连线，与画面位置线 p-p 交于 f_x、f_y；过 f_x、f_y 向下作投影连线，与视平线 h-h 交于 F_X、F_Y；则 F_X、F_Y 分别为平面图形中 X、Y 向平行线组的灭点。

（3）0 是画面上的点，其透视 0_p 就是它本身。因其高度为零，故 0_p 位于基线 g-g 上。

（4）连线 $0_p F_X$ 即得 02 线段（与 02 共线，且在画面前的 03 线段的透视不含在内）的全长透视；连线 $0_p F_Y$，即得 05 线段的全长透视。

（5）作视线 SⅠ、SⅡ 的水平投影 $s1$、$s2$，它们与画面位置线 p-p 相交；过交点向下作投影连线，交点Ⅰ、Ⅱ所在的全长透视线 $0_p F_X$ 于 1_p、2_p。则 1_p、2_p 即为点Ⅰ、Ⅱ的

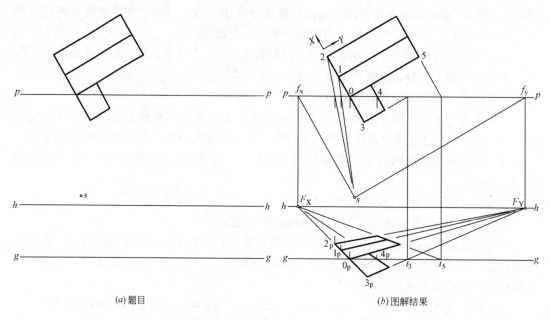

(a) 题目   (b) 图解结果

图 13-5　求作基面上平面图形的透视

透视。

Ⅳ是画面上的点，其透视 4_p 就是它本身。连 $4_p F_X$ 并延长之，即为点Ⅳ所在 X 方向线段的全长透视。

（6）过点Ⅴ作 X 方向延长线的水平投影，交画面位置线 p-p 于一点；过该点向下作投影连线，交基线 g-g 于 t_5，则 t_5 即为过点Ⅴ的 X 方向线的画面迹点。

同理，过Ⅲ作 Y 向延长线的水平投影，交画面位置线 p-p 于一点；过该点下作投影连线，交基线 g-g 于 t_3。则 t_3 即为过Ⅲ的 Y 方向线的画面迹点。

过 1_p、2_p、t_3 向 F_Y 引直线（或延长线），即得点Ⅰ、Ⅱ、Ⅲ所在 Y 向直线的透视；过 0_p、4_p、t_5 向 F_X 引直线（或延长线），即得点 0、Ⅳ、Ⅴ所在 X 向直线的透视。这两组透视线交汇成透视网格，取其有效部分，加粗轮廓，整理后即得所求（图 13-5b）。

讨论：本例平面图形的顶点Ⅲ所在部分位于画面之前（即与视点同在画面的一侧），其透视图形由通过 0_p、4_p 所作的 X 方向透视线，过 t_3 所作的 Y 方向透视线交汇形成。由于其位于画面之前，距视点较近，故透视效果夸张。因此，该部分透视图形在画面上占有的比例明显大于画面后那部分图形的透视。

13-6　已知如图 13-6（a）所示，求作地面路标的透视。

［解］　分析：地面路标是属于基面的图形。由透视特性可知，基面上的图形，其透视与基透视重合。

在图 13-6（b）中路标的轮廓线 bc、$e5$、$d6$ 为画面垂直线，其透视应指向主点。轮廓线 56 为属于画面的直线，其透视就是它本身。轮廓线 ab 与辅助线 ed 为 Y 方向的平行线，轮廓线 ac 为 X 方向的平行线，它们均是与画面倾斜的水平线；其各自的灭点均应在视平线 h-h 上。至于路标上过点 e、d 的两条侧垂轮廓线，则最后依据侧垂线的透视特性连线作出即可。

114

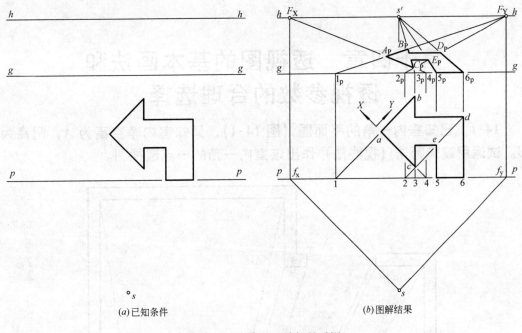

(a)已知条件　　　　　　　　　　　　　　　(b)图解结果

图 13-6　求作地面路标的透视

本例画面在上，基面在下，形式上与前面各例略有不同，但不影响最终结果。

作图（图 13-6b）：

（1）如图 13-6（b）所示，标出路标的有关顶点。

（2）依投影关系先在视平线 h-h 上标出主点 s'。

（3）在水平投影中，延长 ab 与画面位置线 p-p 交于 1，过 1 向上作投影连线交基线于 1_p，1_p 即为 AB 的画面迹点。同理得 AC 的画面迹点 4_p，辅助线 DE（D、E、C 三点共线）的画面迹点 2_p。

（4）求作主向灭点 F_X、F_Y：在水平投影中，作 sf_x // ac、sf_y // ab，过 f_x、f_y 向上作投影连线，交视平线 h-h 于 F_X、F_Y，F_X、F_Y，即为 X、Y 方向线的灭点。

（5）连线 1_pF_Y、4_pF_X、2_pF_Y，即得 AB、AC、DEC 方向线的全长透视。

（6）bc、e5、d6 为画面垂直线，其透视应指向主点 s'；轮廓线 56 属于画面，其透视 5_p6_p 就是它本身；延长 bc 与画面位置线 p-p 交于 3，过 3 向上作投影连线交基线于 3_p，3_p 即为 BC 的画面迹点。在画面中，连线 $s'6_p$ 得 d6 边的全长透视；同理连线 $s'5_p$、$s'3_p$ 得 e5、bc 边的全长透视。

（7）在画面中，4_pF_X 与 1_pF_Y、2_pF_Y 相交于 A_p、C_p，$3_ps'$ 与 1_pF_Y 相交于 B_p，$5_ps'$、$6_ps'$ 与 2_pF_Y 相交于 E_p、D_p；过 E_p、D_p 作基线平行线与 $3_ps'$ 相交。

（8）如图 13-6（b）所示，加粗各有效区段，整理后完成作图。

第十四章 透视图的基本画法和
透视参数的合理选择

14-1 已知室内一角的平面图（图 14-1），又知室内净空高为 A，门高为 B。试运用建筑师法（视线法）作出该室内一角的一点透视图。

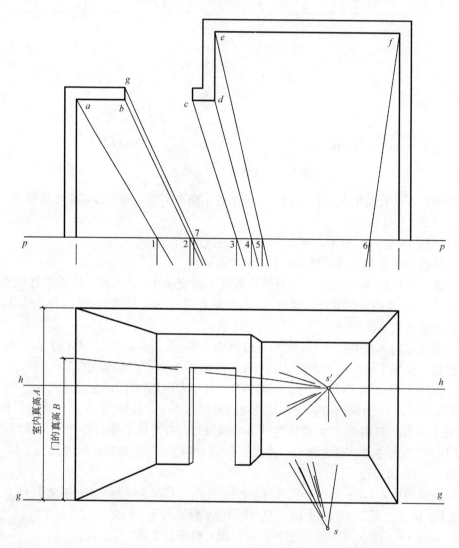

图 14-1 运用视线法作室内一角的一点透视

〔**解**〕 分析：首先，在图 14-1 所示的平面图中设置画面位置线 p-p，使得该平面图只有画面平行线与画面垂直线这两组主向直线，符合一点透视的形成条件。为获得亲临其境的室内透视效果，选择视角接近 $60°$；为突出室内左侧门与阶梯墙的表达，选择站点位于平面图的右侧；视高取室内净空高 A 的大约 2/3（接近人的身高）。即给人以自然、亲切的透视效果。

作图（图 14-1）：

（1）以室内透视图的画面宽度和室内净空高 A，画出属于画面的表示室内空间的矩形方框。以该矩形的底边作为基线，按既定的视高画出视平线 h-h；按投影关系作出主点 s'。

（2）过主点 s' 分别向矩形方框的四个角点连线，即得侧墙与地面、顶面相交的四条与画面垂直的轮廓线的全长透视。

（3）由站点 s 向平面图内部的 a、b、c、d、e、f 各顶点引视线，这些视线与画面位置线 p-p 分别交于 1、2、3、4、5、6 等点。

（4）过 1、4、5、6 点向下作竖直线，与过 s' 且属于地面和顶面的有关画面垂直线的全长透视相交，即得室内各墙角线的透视高度。

（5）过 2、3 点向下作竖直线，与具有真高 B 的门头侧垂线（图 14-1）相交，即得门框的透视高度。

为表达墙的厚度，在平面图中作视线 sg 与画面位置线 p-p 相交于 7；过 7 向下作竖直线与画面中自 s' 向门框左上角、左下角所引的直线相交，即得墙体的透视厚度。

（6）作侧垂的门内上方可见墙体厚度的轮廓线，整理后，完成作图。

需要强调的是，在一点透视图中，画面垂直线的透视均指向定点 s'（如侧墙的上下轮廓线，表示墙体厚度的门框左上角、左下角的透视线）；基面垂直线的透视仍是铅垂线（如各墙角的透视线，门框的左、右边框轮廓线）；侧垂线的透视仍是侧垂线（如正立面墙的上、下轮廓线，门框的上方轮廓线等）。

讨论：图 14-2 为运用视线法作室内一角的两点透视实例。需要特别指出的是，绘制室内透视图时，基于表达室内陈设的需要（表达重点为顶棚时除外），视平线可适当提高，直至窗洞的上沿（图 14-1、图 14-2 中均低于门窗的上沿），视角可略超过 60°，真高线一般应定在画面与室内侧墙面的相交处。其余作图方法不变。

14-2　已知一门洞的平面图、剖面图、画面与站点（图 14-3），试运用全线相交法作该门洞的两点透视。

[解] 分析：由已知的门洞、画面与视点的相对位置可知，该门洞立面与画面的夹角为 30°，故建筑立面为表达重点。平面图中，只有两组与画面倾斜，且相互垂直的轮廓线，符合两点透视的形成条件。站点 s 距画面位置线 p-p 较近，视角约为 50°，视高低于雨篷，故可获得身临其境，即将步入室内的透视效果。

作图（图 14-3）：

（1）将平面图中 X、Y 方向的所有直线都延长与画面位置线 p-p 相交，交点 a、1、2、3、4、5 为画面迹点；其中 a 为画面上的点，其透视就是它本身；1、2、4 是 Y 向直线的迹点；a、3、5 是 X 向直线的迹点。

（2）在画面中的视平线上作出两主向直线的灭点 F_X、F_Y。

（3）作雨篷的透视：由平面图可知，雨篷在 a、3 处与画面相交，该处的截交线 A_Pa_p、T_3t_3 反映雨篷的真实厚度和真实高度（A_Pa_p 与 T_3t_3 等高等厚）。连线 A_PF_Y、a_pF_Y 并延长之，连线 T_3F_X、t_3F_X 并延长之，两组射线相交于 B_P、b_p；连线 B_Pb_p，即为雨篷最前角的透视。同理，雨篷 C 角 Y 向延伸后与画面相交的交线 T_1t_1 亦反映雨篷的

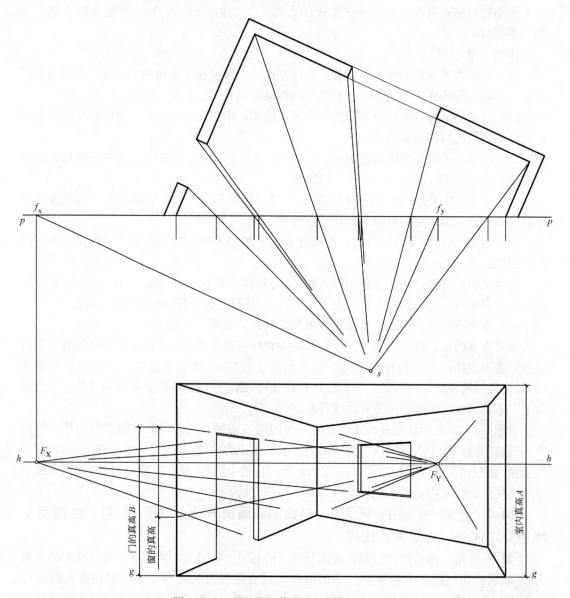

图14-2　运用视线法作室内一角的两点透视

真高真厚，连线 T_1F_Y、t_1F_Y 与 B_PF_X、b_pF_X 相交，交点间的竖直连线 C_Pc_p 即为雨篷左前角的透视。

（4）连线 a_pF_X 与 c_pF_Y 相交于 D_p，则 D_pa_p 即为雨篷底面与外墙面的交线。

（5）作门洞的透视：在画面中连线 F_Xa，并延长之，即得外墙面与地面的交线的透视；连线 $4\,F_Y$、$2F_Y$，与 aF_X 相交，过交点 e_p、g_p 向上作竖直线与 D_pa_p 相交于 E_p、G_p，则 E_Pe_p、G_Pg_p 即为属于外墙面的门洞左、右竖向轮廓线的透视；过 E_P、e_p 向 F_Y 引直线，与 $5F_X$ 相交于 F_P、f_p，连线 F_Pf_p 即得门洞左侧内轮廓的透视；加粗过 F_P、f_P 向 F_Y、F_X 所引直线的门内可见部分图线。

（6）整理后，即完成门洞的透视。

118

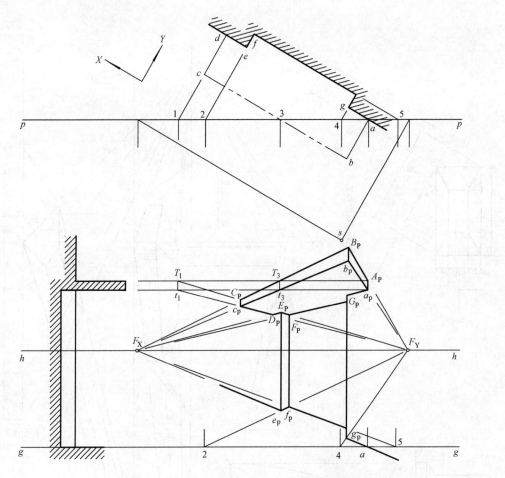

图 14-3　运用全线相交法作门洞的两点透视

14-3　已知纪念碑的三面投影（图 14-4*a*）。试确定画面与视点，利用量点法作该形体放大一倍后的两点透视。

[解]　分析：首先确定画面，再定视点。如图 14-4（*b*）所示，过平面图的右前转角 0 处作画面位置线 *p-p*，使其与纪念碑的主立面成 30°倾角，以保证重点表达纪念碑的主立面；过纪念碑的两边缘作画面垂直线与 *p-p* 相交，得透视图的近似宽度 *B*；在近似画宽内，令主点的水平投影重影于 0（也可略偏左一点），过 0 作画面位置线 *p-p* 的垂线，并取其长度约等于画面宽度 *B* 的 1.5～2.0 倍（本例取 1.5 倍）即得站点（图 14-4*b*）。

为获得自然、亲切的透视效果，视平线 *h-h* 不宜过高，如图 14-4（*a*）所示设立即可。

需要特别注意的是，放大一倍画透视图时，所有的参数，如视高、视距、建筑物各部分的尺寸都应放大一倍作图。同理，如果要求放大 *n* 倍作图，则所有的参数均应放大 *n* 倍。在运用量点法具体作图时，原题中的平面图、立面图均不需放大，待透视作图时，再放大形体的长宽高尺寸及视高及视距等有关参数。

作图（图 14-4）：

（1）在画面上将原视高放大一倍画出基线 *g-g* 和视平线 *h-h*；由于原视高较小，不易

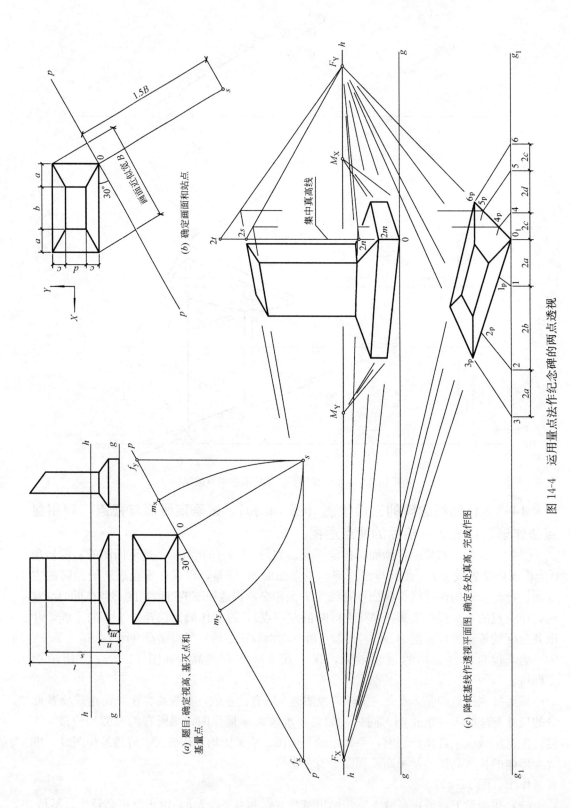

(a) 题目,确定视高,基天点和
基量点

(b) 确定画面和站点

(c) 降低基线作透视平面图,确定各处真高,完成作图

图 14-4 运用量点法作纪念碑的两点透视

作出准确的透视平面图，故降低基线 g-g 到 g_1-g_1 位置（图 14-4c）。

（2）将图 14-4（a）中画面位置线 p-p 上的五个点 f_x、f_y、m_x、m_y、0 的点间距离放大一倍后，对应移画到视平线 h-h 上，得两主向灭点 F_X、F_Y，量点 M_X、M_Y，并将 0 点竖向移植到基线 g_1-g_1 上得 0_1。

（3）连线 0_1F_X、0_1F_Y，即得过 0_1 点的 X、Y 向直线的全长透视。

（4）自 0_1 起向左在 g_1-g_1 线上连续量取 $2a$、$2b$、$2a$，得点 1、2、3，即为纪念碑 X 向尺寸放大一倍后的实长分点；自 0_1 起向右在 g_1-g_1 线上连续量取 $2c$、$2d$、$2c$，得点 4、5、6，即为纪念碑 Y 向尺寸放大一倍实长后的分点；连线 $1M_X$、$2M_X$、$3M_X$ 与 0_1F_X，相交于 1_p、2_p、3_p，连线 $4M_Y$、$5M_Y$、$6M_Y$ 与 0_1F_Y，相交于 4_p、5_p、6_p，则 0_13_p、0_16_p 即为纪念碑基座 X、Y 向轮廓的基透视；连线 $1_p F_Y$、$2_p F_Y$、$3_p F_Y$、$4_p F_X$、$5_p F_X$、$6_p F_X$，得一透视网格；整理并加粗有关图线，画出斜面交线的基透视，即得降低基线后纪念碑的透视平面图。

有了透视平面图，作透视时就不再利用量点了。

（5）将纪念碑基座的右前角点自基线 g_1-g_1 上的 0_1 处移回至基线 g-g 上得 0；连 $0F_X$、$0F_Y$，得纪念碑基座过 0 点的 X、Y 向直线的全长透视。过 0 点立集中真高线，并自 0 点起向上依次量取 $2m$、$2n$、$2s$、$2t$，得纪念碑各处真高的刻度点。

根据集中真高线和降低基线后的透视平面图，按投影关系，即可完成纪念碑的透视全图。

图中纪念碑顶部斜面的透视轮廓线的高度作图采用了转移法。即先在集中真高线上获取真高 $2s$ 和 $2t$，连线 $2sF_Y$、$2tF_Y$，将这两个真高转移到了扩大后的基座右侧面上；过降低基线所作的透视平面图中的 4_p、5_p 向上作投影连线，与 $2sF_Y$、$2tF_Y$ 相交，过交点向 F_X 作直线，即得碑体顶部斜面轮廓的透视所在直线。其余部分，作图方法不变（图 14-4c）。

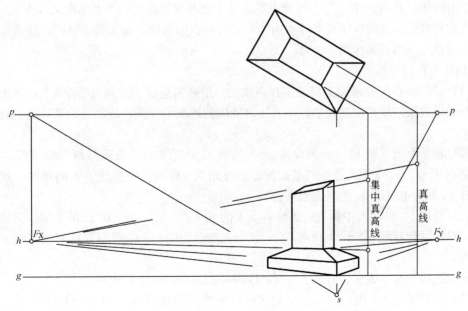

图 14-5　运用全线相交法作纪念碑顶部斜面轮廓的透视高度

碑体顶部斜面的透视轮廓线的高度作图也可用全线相交法，在画面迹点处获得真高来完成作图（图 14-5）。

14-4 已知建筑形体的投影如图 14-6（a）所示，图中 1、2 两处为架空连廊。试恰当地选择画面与视点，运用距点法放大一倍作其一点透视。

［解］ 分析：图 14-6（a）所示建筑由左栋、右栋房屋及连接它们的空中走廊 1、2 组成。首先确定画面，再定视点。为作图方便起见，在平面图中作画面位置线 p-p 重合于左栋房屋的前立面；为获得自然、亲切的透视效果，取视高低于连廊 2（等同于常人的身高）；取视距等于透视画面的近似宽度，以获得临近建筑的视觉效果。

确定站点（图 14-6a、b）。当站点定于左栋建筑的左前方时，因左栋建筑高于右栋建筑，而造成视线的阻隔，影响连廊和右边建筑的表达，故该类站点不可取。当站点位于左栋前立面的正前方时（站点为 s_1），左栋建筑的透视仅为一个反映实形的前立面，毫无纵深感可言，是一个不可取方案；同理，站点也不可位于右栋前立面的正前方。当站点位于左、右两栋建筑之间时（站点为 s_2），建筑物上的画面垂直线向透视图的中部收缩，从而产生强烈的透视感。这种置主点于透视图中部的站点选择方案，能引导人的视线，适宜于表现笔直深邃的街巷场景，是一个可选的表达方案。该方案中若主点居正中，则左、右对称，画面略显呆板。因此，通常确定主点略偏于一侧。本例的左、右栋房屋均为单体建筑，选择 s_2 站点表达上略显单薄。

当站点为 s_3 时，过 s_3 所作的视线不能直接穿过两栋建筑的中间部分到达左栋建筑的后面轮廓，反映在透视图中是左、右两栋建筑的透视重叠，两建筑后面的连接关系表达不出来，造成了事实上的悬念和不清晰，也是一个不可取的方案。

当站点为 s 时，过 s 所作的视线可无障碍地穿过两栋建筑之间，反映在透视图上，两栋建筑均可清晰地表达它们完整的三维形象，各栋建筑的透视也反映原平面图中的长、宽比，是一个较好的选择方案。

综上所述，站点 s_2 和 s 均为可选方案。基于更普遍的原则，本例选定站点为 s。

考虑到放大一倍的作图要求，本例中均应将所有的参数，如视高、视距、建筑物各部分的尺寸放大一倍再来作图。

作图（图 14-6）：

（1）（图 14-6c）在画面上将原定视高放大一倍画出基线 g-g 和视平线 h-h；由于追求真实的透视效果，使得视高较小，不易作出准确的透视平面图，故降低原基线 g-g 到新的位置 g_1-g_1。

（2）在平面图（图 14-6a）中，将所有的画面垂直线均延长至与画面位置线 p-p 相交，交点 0、1、2、3 即为迹点的基面投影。过站点 s 作画面位置线 p-p 的垂线，垂足为 s_x，则 ss_x 即为主视线 Ss' 的基面投影。

（3）将图 14-6（a）中画面位置线 p-p 上的五个点 3、2、1、0、s_x 的点间距离放大一倍后，对应画到基线 g_1-g_1 上得点 3_1、2_1、1_1、0_1，并将点 s_x 竖向移植到视平线 h-h 上得主点 s'。

（4）连线 $3_1 s'$、$2_1 s'$、$1_1 s'$、$0_1 s'$，即得画面垂直线的全长透视。

（5）在视平线 h-h 上，自主点 s' 起向左量取两倍的视距 ss_x 得距点 D；在基线 g_1-g_1 上自 0_1 起向右连续量取 $2a$、$2b$、$2c$、$2b$，得点 4_1、5_1、6_1、7_1，即为建筑物 Y 向尺寸放大一

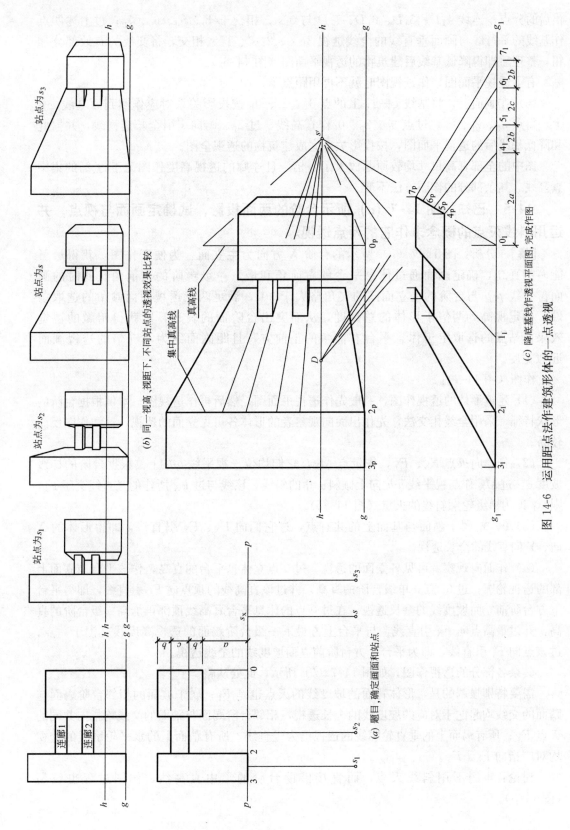

(a) 题目，确定画面和站点

(b) 同一视高，视距下，不同站点的透视效果比较

(c) 降低底基线作透视平面图，完成作图

图 14-6 运用距点法作建筑形体的一点透视

倍后的分点；连线 $4_1 D$、$5_1 D$、$6_1 D$、$7_1 D$ 与 $0_1 s'$，相交于 4_p、5_p、6_p、7_p；过上述四点作基线的平行线与画面垂直线的全线透视 $3_1 s'$、$2_1 s'$、$1_1 s'$ 相交，将交线的有效部分加粗，整理后即得降低基线后建筑物的透视平面图（图 14-6c）。

有了透视平面图，作透视图时就不再用距点了。

（6）在画面上，将基线 g_1-g_1 上的点 3_1、2_1、0_1 按投影关系对应作回到原基线 g-g 上，得点 3_p、2_p、0_p。过点 3_p、2_p、0_p 作真高线，过 2_p、0_p 向 s' 引全长透视线，并据此和降低基线后的透视平面图，按投影关系完成建筑物的透视全图。

图中的全部真高尺寸均较原题放大了一倍，且连廊的透视高度作图源于过 2_p 的集中真高线。其余部分的作图方法不变。

14-5 已知如图 14-7（a）所示台阶的两面投影，试确定画面与视点，并运用斜线灭点的概念求作它的两点透视。

［解］ 分析：图 14-7（a）所示的台阶 X 方向为主立面。为便于作图，获得尽可能多的真高，确定画面通过休息平台的右前角和最下一级台阶的右前角。此时的画面位置线 p-p 与台阶的主立面间的夹角略大于 $30°$，满足两点透视画面倾角的选取条件。确定视高约两倍于形体的总高度，从而突出台阶面的表达，以获得俯瞰的视觉效果。站点的选取定于休息平台右前角的正前方，且距画面约为 1.5 倍的透视画面近似宽度。

作图（图 14-7）：

（1）建筑形体的透视作图，一般先作透视平面图，然后再作透视图。本例根据台阶的形状特征，采用全线相交法，先作出面向观察者的形体各可见立面的透视，这样作图反而较易。

（2）作主向灭点 F_X、F_Y，作量点 M_X，它们均位于视平线 h-h 上。根据台阶的梯级坡度 α，过 M_X 作与视平线 h-h 向上倾斜 α 角的斜线。该线与过 F_X 所作的竖直线交于 F_1，则 F_1 即为梯级轮廓斜线的灭点（图 14-7b）。

（3）0、0_1 属于画面与基面上的共有点，过它们向 F_X、F_Y 引直线，即得形体的 X 向、Y 向直线的全长透视。

（4）作面向观察者可见各立面的透视。过 0 点立休息平台的真高，作该平台前立面上部的透视轮廓；过 0_1 点立单级台阶的真高，并过该真高线的顶点向 F_1 引直线，即得平台下方台阶前立面坡度线的全长透视。在过 0 点的休息平台真高线顶再加高一级台阶的真高，并过最高点向 F_X 引直线，与平台上方最下一级台阶踢面的透视高度线交汇于一点；过该点向 F_1 引直线，即为平台上方台阶前立面坡度线的全线透视。

其余各部分的透视作图，如图 14-7（b）所示，此处从略。

需要特别强调的是，形体背面的坡度线的灭点也是 F_1；属于坡面的相邻台阶踢面与踏面的交线均起迄于对应的坡度线的全长透视，相邻台阶踢面与踏面的交线均指向共同的灭点 F_Y；所有踢面上的垂直轮廓线的透视仍为竖直线，所有踏面上的水平轮廓线的透视均对应指向 F_X、F_Y。

讨论：本例不用斜线灭点，而直接借助台阶的集中真高线，作图过程也较易（图 14-8）。

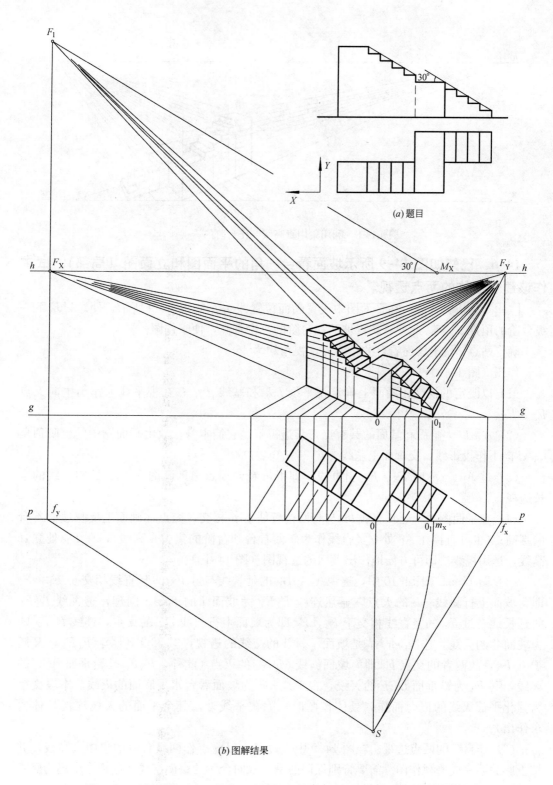

(a) 题目

(b) 图解结果

图 14-7　运用斜线灭点、量点、全线相交等综合概念，求作台阶的两点透视

125

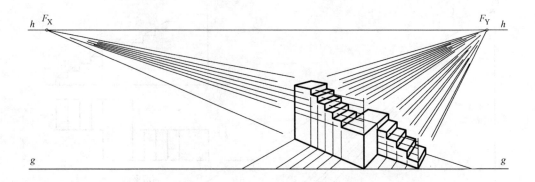

图 14-8　利用集中真高线，作台阶的透视

14-6　已知如图 14-9 所示坡面看台一角的平面图和立面图（局部），试求作该建筑形体的两点透视。

[解]　分析：首先，在平面图中设置画面位置线 $p\text{-}p$ 如图 14-9 所示，使之过最下一级台阶的顶点 a、d，此处可获得坡面和台阶的集中真高，便于作图。

确定站点 s 位于坡面看台的正前方，视角约为 $45°$。

作图（图 14-9）：

（1）以既定的视高在画面上确定视平线 $h\text{-}h$ 和基线 $g\text{-}g$；在视平线上作出主向灭点 F_X、F_Y。

（2）A、D 为画面和基面的共有点，其透视就是它们本身。故由平面图中的台阶顶角 a、d 向下作投影线，交画面上基线 $g\text{-}g$，得 A_P、D_P。

（3）过 A_P、D_P 向 F_X、F_Y 引直线，即得过看台顶点 A、D 的 X 向、Y 向直线的全长透视。

（4）在平面图中，延长直线 bn 与画面位置线 $p\text{-}p$ 相交，交点在画面上反映坡面看台的真高；（也可直接在 A_P 处立竖直线作为斜面看台和台阶的集中真高线），在 D_P 处立真高线，运用视线法即可方便地作出坡面的透视图（图 14-10）。

（5）图 14-9、图 14-10 中，透视线 $A_P B_P$ 的延长线与过 F_X 的竖直线相交于 F_1，F_1 即为坡面上行斜线 AB 的灭点，显然连线 $F_1 F_Y$ 为坡面 I 的灭线。同理，透视线 $D_P E_P$ 的延长线与过 F_Y 的竖直线相交于 F_2，F_2 即为坡面上行斜线 DE 的灭点，连线 $F_X F_2$ 即为坡面 II 的灭线。连线 $M_P N_P$ 是坡面 I、II 的交线的透视，其灭点既属于 $F_1 F_Y$，又属于 $F_2 F_X$，故两者的交点 F_3 即为坡面斜线 $M_P N_P$ 的灭点（此外，$F_X F_1$ 是铅垂面 ABC 的灭线，$F_Y F_2$ 为铅垂面 DEF 的灭线，视平线 $h\text{-}h$ 为坡面看台水平底面的灭线。本段文字为强化平面灭线的概念而作，具体作图时，除视平线外，其余平面的灭线均视具体要求作出）。

（6）作台阶的两点透视。在图 14-9 中，过 A_P、D_P 点作两级台阶的集中真高线，并按投影关系完成透视作图。需要特别强调的是，双向台阶的踢面交线在透视图中仍为竖直线，而不与透视线 $M_P N_P$（斜线）共线。

126

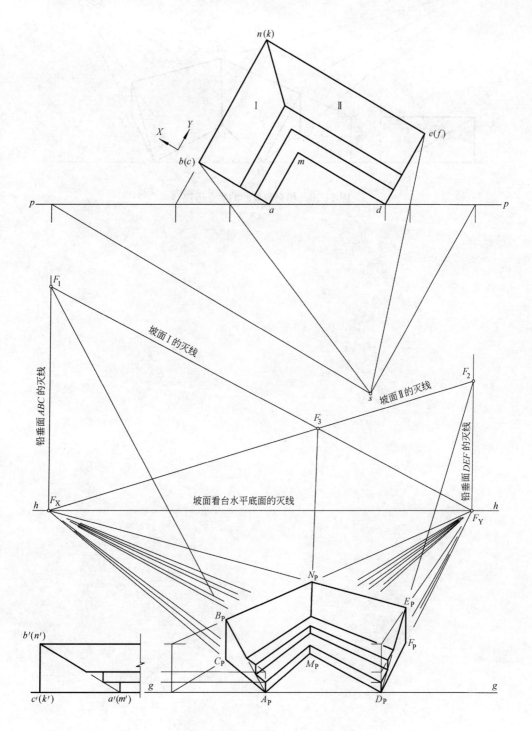

图 14-9 求作坡面看台一角的两点透视

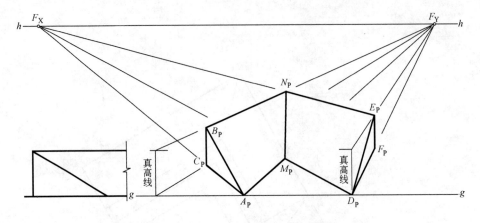

图 14-10　相交两坡面的两点透视

第十五章　透视图的实用画法

15-1　已知建筑物的两面投影（图 15-1a）。试选择透视画法，并确定画面与视点，作出它的透视图。

［解］　分析：由于图 15-1（a）所示，建筑物的平面轮廓方向各异，没有明显的两组主向直线，故宜采用网格法作其一点透视。

为全面表达形体特征，清晰地表现形体轮廓，拟抬高视点，把建筑物画成鸟瞰透视。

为简便作图，令画面通过建筑物的前角点。

令视点位于建筑物主立面的前方正中，站点 s 距画面略小于透视的画面近似宽度，以获得近距离俯瞰建筑的透视效果。

放大一倍作透视图。

作图（图 15-1）：

（1）如图 15-1（a）所示，设置画面位置线 p-p、视平线 h-h、基线 g-g，确定站点 s 和主点 s'。

在建筑平面图上画出正方形网格。

（2）在画面上适当的位置放大一倍视高作视平线 h-h 和基线 g-g（图 15-1b）。标出主点 s'。在它的右边按既定的视距放大一倍定出距点 D（视距等于站点 s 到画面的距离，亦即视点 S 到主点 s' 的距离，且 $Ds'=Ss'$，本例中视距略小于透视图的画面近似宽度）。

（3）将平面图中的全部画面垂直线的 Y 向迹点 0、1、2、3……保持与主点 s' 的水平投影 s_p 的相对位置，放大一倍点距后，移植到基线 g-g 上。

（4）过刚移植到基线 g-g 上的点 0、1、2、3……向主点 s' 连线，即得 Y 向线簇的全长透视。连线 0D，即得右向 45°线的全长透视。0D 线与 1s'、2s'、3s'……相交。过交点作水平线，即得网格的一点透视。

（5）目测建筑平面图中各特征点在透视网格中的位置，画出建筑物的透视平面图。

（6）由于建筑物各处高度不尽相同，为方便起见，把高度集中，采用集中真高线来获取各处的透视高度。本例为看图清晰，在透视图的左、右两侧各立一条集中真高线，建筑物左边的透视高度在左侧真高线上量取，右边的透视高度在右侧真高线上量取。

（7）其余部分采用常规作图方法，请读者看图自行分析，不再赘述。

讨论：本例可采用多灭点来辅助透视作图。其灭点 F_1、F_2、F_3 均位于视平线 h-h 上。这几个灭点可在透视平面图的作图过程中就确定出来，以提高作图效率和精度（图 15-1b）。

15-2　已知建筑物的两面投影（图 15-2a）。试选择透视画法，并确定画面与视点，作出它的两点透视。

［解］　分析：图 15-2（a）所示建筑物平面图中的轮廓线呈多方向状态，即不限于两组主向直线，因此宜采用网格法作其两点透视。

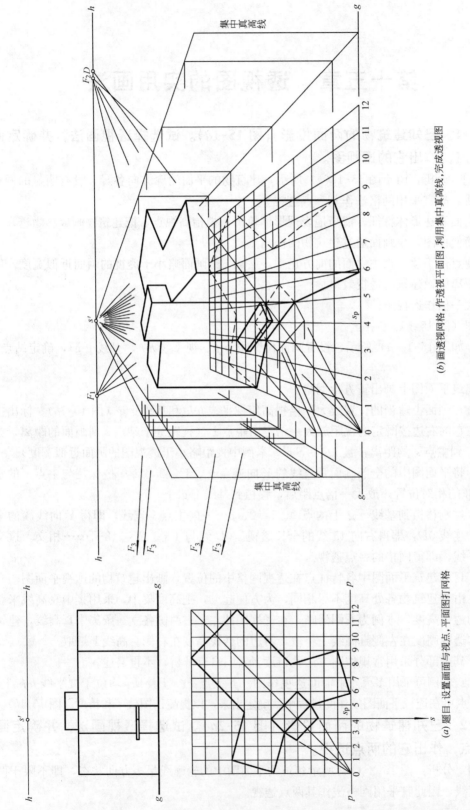

（a）审题，设置画面与视点，平面图打网格

（b）画透视网格，作透视平面图，利用集中真高线，完成透视图

图 15-1　运用网格法作建筑形体的一点透视

130

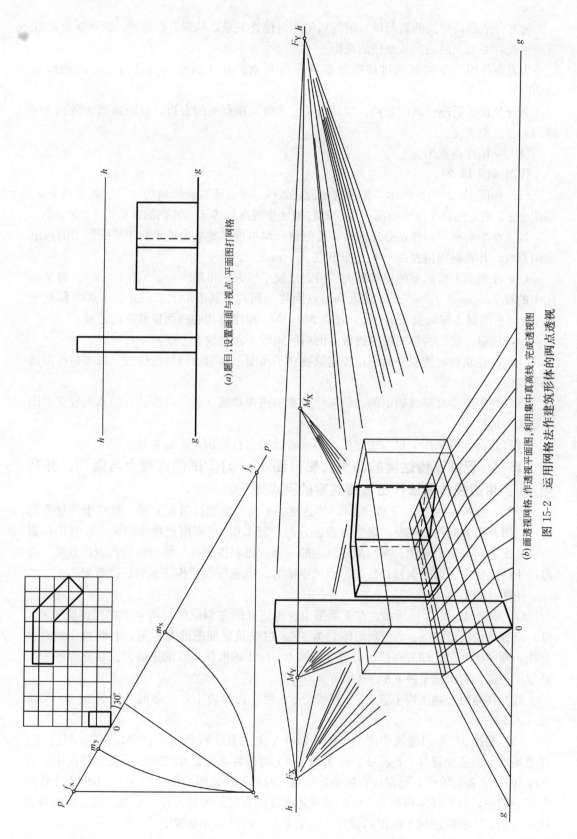

(a) 题目，设置画面与视点，平面图打网格

(b) 画透视网格，作透视平面图，利用集中真高线，完成透视图

图 15-2 运用网格法作建筑形体的两点透视

为充分表现两建筑的高与低、前与后的相对位置关系，拟提升视点 S，把建筑群画成鸟瞰透视，并取视高约为 0.6 倍的视距。

为方便作图，令画面通过前座建筑的左前角点，并使画面与建筑物主立面的倾角为 30°。

为避免前、后座建筑的遮挡，取站点 s 位于画面顶点 0 的右边，且距画面大致为 1.5 倍的画面近似宽度。

放大一倍作透视图。

作图（图 15-2）：

(1) 如图 15-2 (a) 所示，先设置画面位置线 p-p（使画面倾角为 30°）、视平线 h-h、基线 g-g，确定站点 s 位于画面顶点 0 的右侧（使视高约等于 0.6 倍的视距）。

(2) 在平面图中，作正方形网格，使网格线尽可能多地重合或平行于平面图中的两组主向直线，并在画面位置线 p-p 上作出点 f_x、m_y、0、m_x、f_y。

(3) 在画面上按既定的视高放大一倍画出视平线 h-h 和基线 g-g（图 15-2b）。将平面图中的点 f_x、m_y、0、m_x、f_y 放大一倍点距移画到视平线 h-h 上来，并将 0 点下移至基线 g-g，从而得主向灭点 F_X、F_Y，量点 M_X、M_Y 和建筑物的画面顶点 0 的透视。

(4) 用量点法作网格的两点透视（网格间距较平面图放大一倍）。

(5) 作建筑物的透视平面图：按建筑物在平面图中相对于网格的位置，目测估画出透视平面图。

(6) 利用集中真高线确定前、后座建筑物的透视高度（前、后座建筑的真高较立面图中放大一倍作图）。

(7) 其余部分采用常规方法作图，请读者看图自行分析，不再赘述。

15-3 已知某传达室的两面投影（图 15-3a）。试确定视点与画面，并利用 45°实用透视作图法作出该传达室的两点透视。

［解］ 分析：图 15-3 (a) 所示，传达室的平面图轮廓接近正方形，且对于传达室而言，门窗开启方向均为重要的观察与表达方向，宜采用 45°实用透视作图法，以突出门窗所在立面的同等重要地位。视高取建筑高的一半，以获得屋顶与地台的均衡表达效果。视点位于传达室左、前立面延伸后交汇点的正前方，以获得临近传达室的透视效果。

作图（图 15-3）：

(1) 如图 15-3 (a) 所示，在平面图中过传达室的左侧立面与前立面的延伸交汇点 0 处，设置画面位置线 p-p，使画面倾角为 45°。过建筑平面图的左后角、右前角作画面垂直线，则两线距离，即为画面近似宽度；站点 s 位于画面顶点 0 的正前方。在立面图中按既定的视高，画出视平线 h-h、基线 g-g。

(2) 在画面上画出视平线 h-h、基线 g-g；由于视高较小，故降低基线到 g_1-g_1 的位置（图 15-3b）。

(3) 根据 45°实用透视作图法，视平线 h-h 上的五个特殊点 F_X、M_Y、s'、M_X、F_Y 应遵循如下的位置规律：F_X、F_Y 相距为 3～4 的透视画面近似宽度；s' 位于其正中；将 $F_X s'$ 和 $s' F_Y$ 各五等份，则左、右侧靠近主点 s' 的两等份处即为 M_Y 和 M_X。本例限于作图空间的约束，取 $F_X F_Y$ 相距为 3 倍的透视画面近似宽度。为获得传达室左、前立面均等表达的效果，本例取透视平面图的顶点 0 位于主点 s' 的正下方基线上。

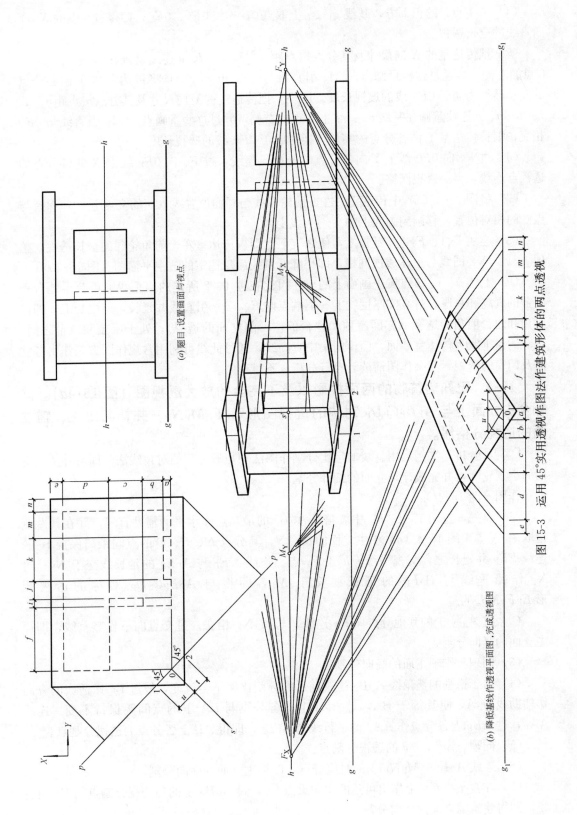

(a) 题目，设置画面与视点

(b) 降低基线作透视平面图，完成透视图

图 15-3 运用 45°实用透视作图法作建筑形体的两点透视

（4）在主点 s' 的正下方，基线 g_1-g_1 上取点 0，连线 $0F_X$、$0F_Y$，即得过 0 点的 X、Y 向直线的全长透视。

（5）把传达室的 X 向尺寸及其分点按点距 a、b、c、d、e 连续量画在基线 g_1-g_1 上 0 点的左侧，并通过这些量画点向 M_X 引直线与 $0F_X$ 相交，于是将传达室 X 方向各分点的实长转换为属于 $0F_X$ 线的透视长度。同理，把传达室的 Y 向尺寸及其分点按点距 f、i、j、k、m、n 连续量画在基线 g_1-g_1 上 0 点的右侧，并过这些量画点向 M_Y 引直线与 $0F_Y$ 相交，则将传达室 Y 向各分点的实长转换为属于 $0F_Y$ 线的透视长度。

（6）过 F_X 向 $0F_Y$ 线上 Y 向各分点的透视点连线，过 F_Y 向 $0F_X$ 线上 X 向各分点的透视点连线，得一透视网格。

（7）将图 15-3（a）中传达室的左、前轮廓线与画面位置线 p-p 的交点 1、2，保持与点 0 的相对位置，移画到画面上的 g_1-g_1 线上来。

（8）连线 F_X1、F_Y2 并延长之，使之交汇，即得传达室左、前角轮廓的全长透视。整理 F_X1、F_Y2 图线与上述透视网格，即得降低基线后传达室的透视平面图（图 15-3b）。

（9）上述 0、1、2 点属于画面上的点，因此在过 1、2 所作的铅垂线上可获得地台和屋盖的真高和真厚。过真实厚度线上、下端点向 F_X、F_Y 引直线并延长，使之交汇，即得屋顶和地台前角的透视（亦即屋顶和地台的左、前立面的透视）。处于屋盖和地台之间，过 0 的铅垂线为传达室墙面、门窗的集中真高线，通过此线可利用常规作图方法作出各立面及门窗的透视，其余作图请读者自行分析，不难理解。

15-4 　已知建筑物的两面投影以及不完全的放大透视图（图 15-4a）。试补全主立面上与 $A_PB_PC_PD_P$ 对称的透视图形 $E_PF_PM_PN_P$，并补画出主、辅立面的透视分格线。

［解］　分析：本例运用直线的定比分割作图法和矩形分割的对角线法，即可补全主立面的透视轮廓，并完成建筑立面的细部分割。

作图（图 15-4b）：

（1）首先，过图 15-4（b）中墙角线 A_PB_P 的最高点作水平的辅助直线，并在其左侧量取 A_PN 等于图 15-4（a）中主立面的长 AN，其分点 N、E、D 的点间距离保持不变。连线 EE_P 并延长之，交视平线 h-h 于 F_1 点。连线 NF_1 与 A_PE_P 的延长线交于 N_P；过 N_P 作铅垂线与 B_PF_P 的延长线交于 M_P，即得与 $A_PB_PC_PD_P$ 对称的透视矩形 $E_PF_PM_PN_P$。

（2）过 A_PN 上的其他分点向 F_1 连线，与 A_PN_P 相交。过交点向下作竖直线，即得主立面的竖向分割。

（3）同理，作辅主面的竖向分割。

（4）由于铅垂的墙角线 A_PB_P 透视前后的分割比例不会改变，故过 B_P 以适当的方向作辅助线 B_PA，使其等于 BA，且 B_PA 上的各分点与 BA 上的点间距保持不变。连线 AA_P，过 AB_P 上各分点作 AA_P 的平行线交 A_PB_P，即得 AB 上各分点的透视分割点。

（5）同理，作 M_PN_P 的透视分割点。

（6）连线 A_PB_P、M_PN_P 上的对应分点，即得主立面的横向分割。

（7）在视平线 h-h 上作出可达的主向灭点 F_Y，过 A_PB_P 上的各透视分割点向 F_Y 引直线，即得建筑辅立面的横向分割。

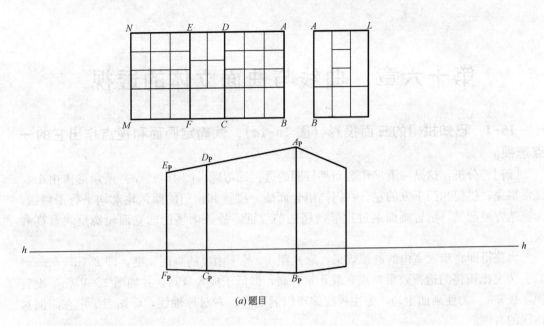

(a) 题目

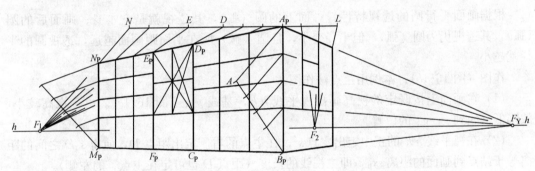

(b) 补全透视轮廓,立面轮廓线作定比分割,完成透视细部

图 15-4　补画建筑物主立面的透视轮廓，并画出立面的分格线

（8）整理后，完成作图（图 15-4b）。

第十六章　曲线与曲面立体的透视

16-1　已知拱门的三面投影（图 16-1a），试确定画面和视点作出它的一点透视。

[解]　分析：这是一道求作画面平行圆的透视练习题。图 16-1（a）所示形体由 180°弧形拱篷、拱门和门下方的左、右门挡组合而成。拱篷和拱门的圆弧轮廓均平行于墙面。为表达方便起见，设置画面通过拱形雨篷的前立面，故该雨篷的前立面轮廓反映真高和实形。

为获得即将步入室内的透视效果，取视距 ss_p 等于雨篷的画面宽度，即 2（$a+b+c+d$）。为突出雨篷的透视效果，视高取儿童身高；即低于成人身高，并如图 16-1（a）设置视平线 h-h。为使画面生动，令主视线偏离门洞的左、右对称轴线，即站点 s 定在门洞对称线的右侧。

根据画面平行圆的透视特性，画面上的圆（弧），其透视就是它本身；画面后的圆（弧），其透视仍为圆（弧），但半径变小，且圆（弧）所在平面距画面越远，透视圆的半径就越小。

作图（图 16-1b）：本例用距点法作图。

（1）在画面上按既定的视高画出视平线 h-h，基线 g-g（图 16-1b）。由于视高较小，故降低基线到 g_1-g_1 的位置。

（2）在视平线 h-h 的正中定出主点 s'，在主点的右侧定出距点 D，使得 $s'D$ 之间的距离等于站点到画面的距离 ss_p，即主视线的长度（距点 D 也可定在主点 s' 的左侧）。

（3）作降低基线后的透视平面图：在图 16-1（a）中，过站点 s 作画面位置线 p-p 的垂线，得垂足 s_p。以 s_p 为基准，把平面图中的所有画面垂直线（包括延长线）与画面位置线 p-p 的交点 0、1、2、3、4、s_p、5、6、7、8 量画到 g_1-g_1 线上；并令图 16-1（b）中的 s_p 点位于主点 s' 的正下方。过这些点向主点 s' 引直线，即得平面图中所有画面垂直线的全长透视。

（4）选定平面图中雨篷的最左轮廓线为所有画面垂直线的 Y 向尺寸度量线。由于距点 D 已定在主点 s' 的右侧，故平面图的 Y 向尺寸应度量在 g_1-g_1 线上雨篷最左轮廓全长透视 $0s'$ 的左侧（图 16-1b），从而在 g_1-g_1 线上得点 9、10、11；连线 $9D$、$10D$、$11D$ 与 $0s'$ 相交（即将雨篷的 Y 向尺寸的实长转换为与之对应的 Y 向透视线的长度）；过这些交点作 g_1-g_1 线的平行线，整理并加粗有效图线，即得降低基线后的透视平面图。

作透视图：雨篷和挡板的前立面属于画面，其透视反映真高和实形。这部分图形，在原基线 g-g 上方直接作出。

（5）过雨篷和挡板前立面的实形透视各顶点、雨篷前立面圆弧中心的真高点 o、挡边顶面的真高点向主点 s' 引直线，即得一束画面垂直线的全长透视。过透视平面图中各点向上引投影线，与透视图中的相应线束相交，整理并画圆弧，即得门洞的一点透视图。

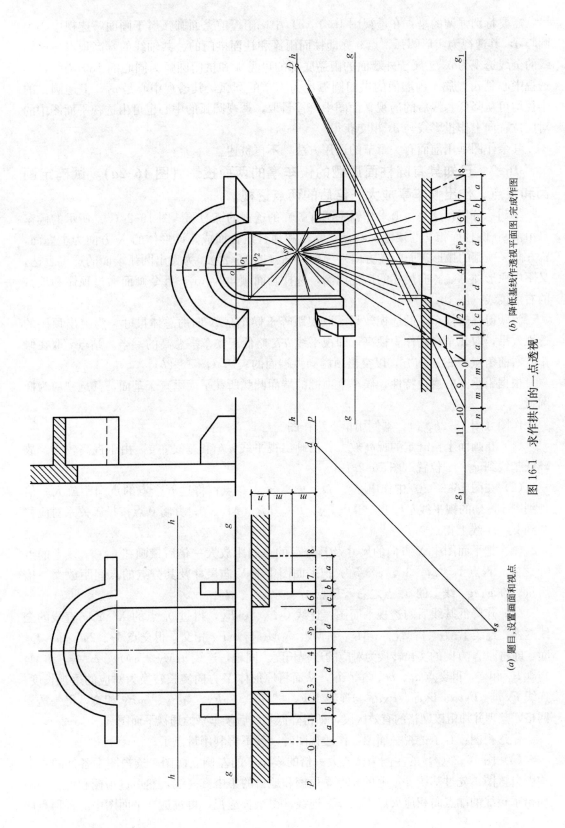

(a) 题目, 设置画面和视点

(b) 降低基线作透视平面图, 完成作图

图 16-1　求作拱门的一点透视

137

需要特别强调的是：在透视图 16-1 (b) 中，雨篷前立面圆弧属于画面，透视中心为圆心 o，其透视为实形圆弧，点 o 亦即柱面雨篷和柱面拱门的公共轴线的真高顶点。该轴线的全线透视为 os'。属于外墙面的雨篷底部的可见弧和拱门圆弧为同心的 180° 圆弧，其透视中心是 o_1；属于内墙面的拱门圆弧也为 180° 的圆弧，其透视中心是 o_2。上述圆弧的半径均可从降低基线后的透视平面图中直接量取，透视圆弧的中心也可由透视平面图中的对应位置向上作投影线与 os' 相交获得。

其余作图延用前面有关章节的通用方法，不再赘述。

16-2 已知具有圆柱面顶棚的候车亭的两面投影（**图 16-2a**）。试确定画面和视点，作出候车亭放大一倍后的两点透视。

［解］ 分析：这是一道求作铅垂圆（弧）的透视的练习题。图 16-2 (a) 所示的候车亭由两 90° 圆柱面相交的顶棚、两直立立柱和地台组合而成。该形体的 X 方向为主立面，Y 方向（顶棚的弧形端面所在方向）为辅立面（图 16-2b）。为突出圆弧端面的透视表达，又不失原形体 X、Y 向尺寸的透视比例，选择画面倾角为 45°，且令画面通过顶棚和地台的右前棱线（图 16-2b）。

为获得临近候车亭的透视效果，取视距等于候车亭 X 向的总体尺寸。为突出顶棚的透视效果，取儿童身高作为视高，即视平线 h-h 略低于候车亭总高的一半。站点 s 取在候车亭右前角点 O 的正前方，以突出顶棚圆弧端面的表达（图 16-2b）。

根据铅垂圆的透视特性，候车亭顶棚的端面圆弧所在平面垂直于基面，其透视应为椭圆弧。

作图（图 16-2b、c）：本例用量点法作图。

(1) 在画面上按既定的视高放大一倍画出视平线 h-h 和基线 g-g。由于视高较小，故降低基线到 g_1-g_1 位置（图 16-2c）。

(2) 在图 16-2 (b) 中作出 f_x、f_y、m_x、m_y、0 点；将这五个点的点间距放大一倍画到图 16-2c 的视平线 h-h 上，得点 F_X、F_Y、M_X、M_Y、0；并将 0 点按投影关系对应移画到 g_1-g_1 线上得点 0_1。

(3) 把平面图中 X 方向的尺寸及其分点的点间距放大一倍后量画在 g_1-g_1 线上的点 0_1 之左，得点 1_1、2_1、3_1、4_1、5_1。把平面图中的 Y 向尺寸及其分点的点间距放大一倍后量画在 g_1-g_1 线上的 0_1 点之右，得点 a_1、b_1、c_1、d_1。

(4) 作降低基线后的透视平面图：连线 $0_1 F_X$、$0_1 F_Y$，得过 0_1 点的 X、Y 向直线的全线透视；连线 $1_1 M_X$、$2_1 M_X$、$3_1 M_X$、$4_1 M_X$、$5_1 M_X$ 与 $0_1 F_X$ 相交，得交点 1_P、2_P、3_P、4_P、5_P，即将原 X 方向的实长转换为对应的透视长度。同理，连线 $a_1 M_Y$、$b_1 M_Y$、$c_1 M_Y$、$d_1 M_Y$ 与 $0_1 F_Y$ 相交，得交点 a_P、b_P、c_P、d_P，从而将原形体 Y 方向实长转换为对应的透视长度；连线 $F_X a_P$、$F_X b_P$、$F_X c_P$、$F_X d_P$ 与连线 $1_P F_Y$、$2_P F_Y$、$3_P F_Y$、$4_P F_Y$、$5_P F_Y$ 相交，得一透视网格，整理并加粗该网格的有效区段，即得降低基线后候车亭的透视平面图（图 16-2c）。

作透视图：有了透视平面图，作透视图时，就不再利用量点了。

(5) 图 16-2 (c) 的左侧为已放大一倍的候车亭的左侧立面图。透视图中各处的真高均引自该图。先过基线 g-g 上的 0 点立顶棚和地台的集中真高线，然后过顶棚和地台的画面铅垂棱线的端点向相应灭点 F_X、F_Y 连线，得全长透视；再过透视平面图中的各顶点向

138

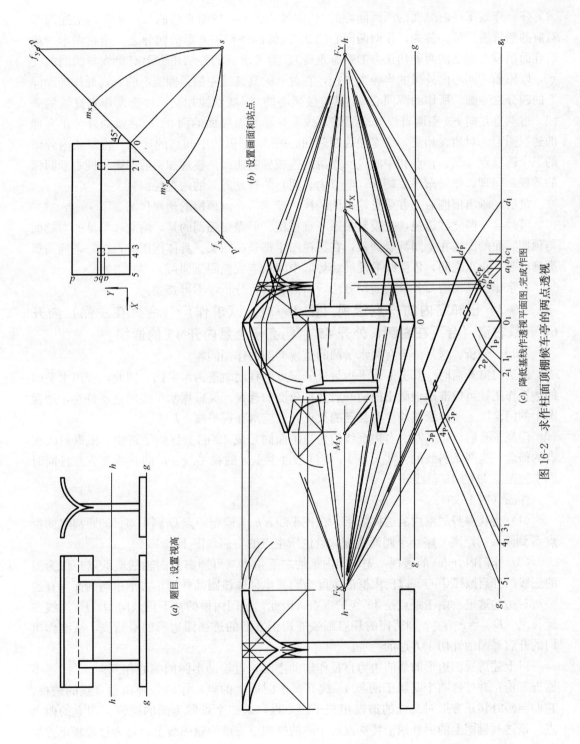

(a) 题目，设置视高

(b) 设置画面和站点

(c) 降低基面顶棚透视平面图，完成作图

图 16-2 求作柱面顶棚候车亭的两点透视

上作投影连线，与相应全长透视相交，整理后即得顶棚顶部轮廓和地台的透视图（图 16-2c）。

（6）作候车亭右端面的两两同心的 90°圆弧的透视：按铅垂圆的八点法作与上述圆弧对应的透视椭圆弧。首先，作两两同心的 90°圆弧的外切正方形的四分之一透视图形（前后柱面顶棚右端面的两外切正方形略有重叠）。为了求圆的外切正方形对角线与圆周的交点，以原始的同心内外弧的半径为半径，在过 0 的真高线左侧顶棚圆心的真高处作辅助同心的四分之一圆，所作的两同心 90°弧与过弧心的 45°辅助线相交；过交点作真高线的垂线，过两垂足向 F_Y 引两直线。这两条直线与候车亭右端面的两 90°同心弧的外切正方形的透视图形的对角线相交，交点即为两两同心的 90°圆弧的中间点的透视。将每条内外弧的三个透视点（起、止点和中间点）光滑地连成椭圆曲线，整理加粗后即得顶棚右端圆弧的透视。同理，作候车亭左端面（前方内表面）的可见圆弧的透视椭圆弧。

最后，画出顶棚后上方可见轮廓的透视，整理后完成顶棚的透视作图（图 16-2c）。

（7）至于两立柱透视，按投影关系不难作出。但需要强调的是，两立柱可见的右端面与顶棚底面的交线在空间都是圆弧，在透视图中都是椭圆弧。具体作图时，在每条椭圆弧准确的起、止点之间，依弧线的发展趋势取中间点连成椭圆弧即可。

其余作图延用前面各章的通用方法，请读者自行分析，不再赘述。

16-3 已知室内的一点透视（图 16-3）。试求作门（合页在左侧）内开 60°、最右窗（合页在右侧）外开 45°、门亮子上悬内开 45°的透视。

［解］ 分析：这是一个有关水平圆的透视椭圆的作图问题。

因为门窗开启时，其上下水平边最外侧端点的移动轨迹为水平圆。因此，应用水平圆的透视作图就可以准确地画出门窗开启各种角度的透视。又根据水平线的透视特性，透视图中的门窗框上下边缘线均应有自己的灭点，且应落在视平线 h-h 上。

门亮子开启后，其左、右边框线均为与画面倾角成 45°的上行侧平斜线。根据斜线灭点的概念，这两条斜线的公共灭点 F_3 应位于过主点 s' 的视平线 h-h 的垂线上方，且同时属于过距点 D 的 45°斜线。

作图（图 16-3）：

（1）为获得身居室内的透视效果，在视平线 h-h 上确定距点 D 到主点 s' 的距离（即视点 S 到画面的距离）略小于画面宽度，且位于主点的右侧（图 16-3）。

（2）作门内开 60°的透视：先以门内框的左下角点（可理解为门轴的最低点）作为门的底线的开启圆弧中心，以门内框的宽度为圆弧半径作该圆的外切正方形中与画面垂直的一对对边的透视。由于距点是 45°线的灭点，因此，过门内框的左下角点向 D、F_1 连线并延长之（$D s'=F_1 s'$），即得门的开启圆弧外切正方形的透视四边形的对角线，从而作出门的开启底圆的外切正方形的透视。

以上述透视四边形的最前边为直径作辅助半圆，过辅助半圆的圆心作双向 45°线将半圆五等份；并过这两个既属于两条 45°线又属于圆周上的点，作两条画面垂直线的透视。它们与圆外切正方形对角线的透视相交于四个点，这四个点即为圆的透视椭圆上的四个点。该透视椭圆上的另外四个特殊点位于圆的外切正方形的轮廓线上，且为过透视正方形的中心所作的基线平行线的端点、画面垂直线的透视的端点。根据基面平行圆的透视作图八点法，依次光滑地连线这八个点成椭圆，即得门的底边开启圆的透视椭圆。

140

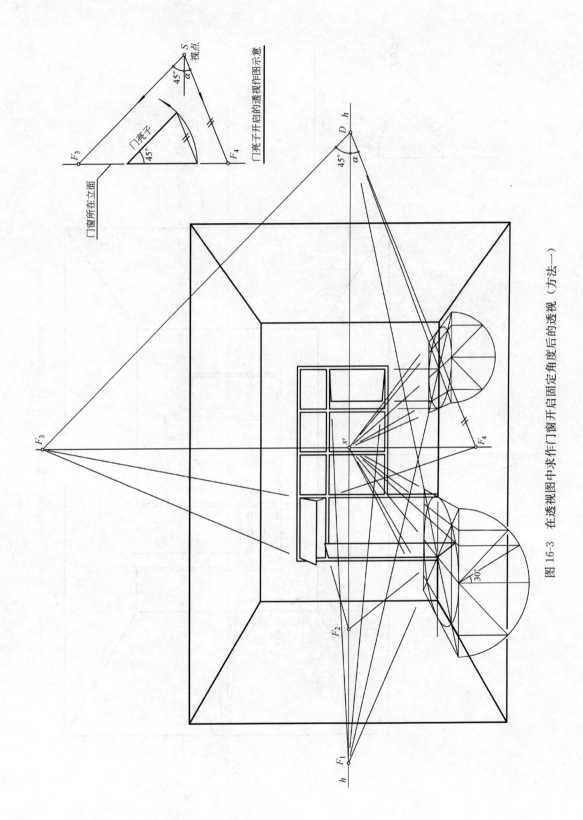

门窗所在立面

门窗子开启的透视作图示意

视点

门亮子

图 16-3 在透视图中求作门窗开启固定角度后的透视（方法一）

141

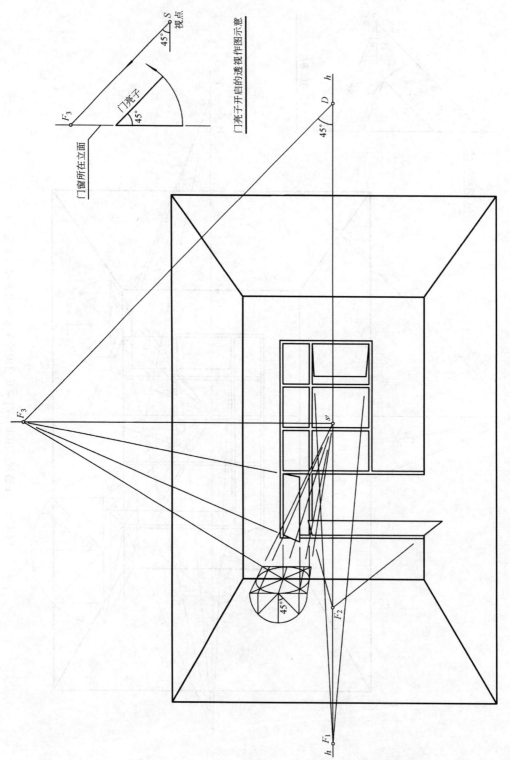

门窗所在立面

F_3

$45°$ S 视点

门亮子

$45°$

门亮子开启的透视作图示意

图 16-4 在透视图中求作门亮子开启固定角度后的透视（方法二）

142

在反映实形的半个辅助圆上，以圆心为起点作与水平方向成 60°夹角的半径（图 16-3）；过半径的端点作半圆直径边的垂线；过垂足作直线指向 s'。该直线与透视椭圆交于一点。过该点向上作竖直线，得门的右边缘开启 60°后的透视；过该点连线椭圆的中心（门轴的最低点）并延长之，交视平线 h-h 于点 F_2，则 F_2 即为门上、下边框线的灭点，从而作出门内开 60°的透视。

（3）同理，可作窗外开 45°的透视。需要指出的是，当门、窗开启角度为 0°、45°、90°、135°、180°等特殊角度时，其开启圆的基透视椭圆可以不必画出来（图中作出是为了更清晰地反映作图原理），而直接从用来作透视椭圆的八个点中的对应点向上作图，即可获得开启线。其余作图方法同上，不再赘述。

（4）门亮子上悬内开的透视作图：门亮子上悬内开 45°后其左右边框线为与画面倾斜成 45°的上行侧平直线。根据斜线灭点的概念，这两条斜线的公共灭点应位于视平线 h-h 上主点 s' 的正上方 F_3 处，F_3 到主点 s' 的距离等于距点 D 到主点 s' 的距离，亦即视点 S 到画面的距离，即 $F_3 s'$＝Ds'＝视距。从图 16-3 中的门亮子开启的透视示意图可知，门亮子开启前后下端的辅助连线为下行直线，其灭点 F_4 位于主点 s' 的正下方，且同属于过距点向左下所作倾角为 α 的斜线（本例中 α＝22.5°）。

过 F_4 连线门亮子外框的左、右下角与上述所作的开启斜线相交，过交点作水平横线，即得门亮子下边缘的透视。

整理后完成作图。

讨论：门亮子上悬内开 45°的透视也可按铅垂圆的透视原理作图，具体方法参见图 16-4。

门亮子上悬内开时，其左、右边框最下点的轨迹为基面垂直圆。因此，可借助基面垂直圆的透视作图八点法，先画出该基面垂直圆的外切正方形在左侧墙面上投影所对应的透视四边形。F_3 是上行侧平 45°斜线的灭点，亦即该透视正方形对角线的灭点。作辅助的实形半圆，过半圆周上五个等份点作画面垂直线的透视，透视正方形的对角线与这五条画面垂直线相交，得四个透视点；过透视正方形的中心作竖直线和，画面垂直线的透视与透视正方形的轮廓相交，得另外四个透视点，连线这八个透视点成光滑的椭圆，即得门亮子开启圆的透视椭圆。

过透视正方形的对角线与透视椭圆的前下交点向右作水平横线，即得门亮子开启后下边框的透视。其余全部作图同图 16-3 所示。

由于门亮子的开启角度为 45°，故亮子开启圆弧所对应的透视椭圆可以不必作出（图中作出是为了更清晰地反映作图原理），而直接从用来作透视椭圆的八个点中选择对应点向右作图，即可获得开启线。显然，当开启角度为 0°、45°、90°、135°、180°等特殊角度时，开启圆对应的透视椭圆都不必画出，从而使作图更加简单。

需要特别强调的是，在图 16-3、图 16-4 中，距点 D 为右向 45°水平线的灭点，F_1 为左向 45°水平线的灭点，F_3 为与基面夹角呈 45°的上行侧平直线的灭点。图中 Ds'＝$F_3 s'$＝$F_1 s'$＝视距，即都等于视点 S 到画面的距离。

第十七章　建筑透视阴影

17-1　已知建筑细部的透视如图 17-1 所示，又知光线的透视与基透视方向，求作其透视阴影。

［解］　分析：图 17-1 所示建筑构件又称之为牛腿。由于只有该建筑细部的透视没有其基透视，所以无法利用光线在地面上的透视作图。但可以作出画面平行光线在盖板底面上的透视（仍然是一条水平线，可理解为升高基面作图）。据此，也能作出落影。

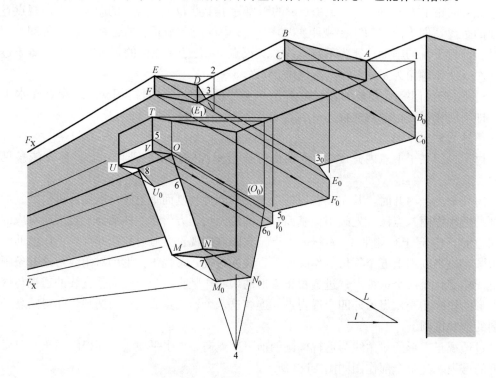

图 17-1　画面平行光线下建筑细部（牛腿）的透视阴影

作图（图 17-1）：

（1）作盖板在墙面上的落影：为此，扩大盖板的底面与外墙面相交，过顶点 C 作光线在盖板底面的基透视，即水平线 $C1$，交墙面与盖板底面的交线于点 1；过 1 作竖直线，与过 B、C 的光线相交，得交点 B_0、C_0；连线 AB_0、B_0C_0，即为阴线 AB、BC 在外墙面上的落影。由于属于盖板底面的前边缘阴线在外墙面的落影应指向灭点 F_X，故过 C_0 作指向 F_X 的影线即为所求。同法求影线 E_0F_0，并过 F_0 作指向 F_X 的影线。

（2）作盖板在自身上的落影。先求作阴点 E 在 DBC 阳面上的虚影 E_1，连线 DE_1，并取属于 DBC 面的有效区段 $D3$，即为所求的落影。过 3 作光线的透视线，交 C_0F_X 于

144

3_0；连线 3_0E_0，即为阴线 DE 在墙面上的又一段落影（E_0 是点 E 在外墙面上的实影点）。

（3）作牛腿在墙面上的落影。首先，延长阴线 ON 交外墙面于点 4；求出 O 在外墙面上的虚影点 O_0，连线 $4O_0$，即为阴线 ON 的落影所在。作阴线 TV 的外墙落影，得过 V_0 且与自身平行的一条竖直线；连线 V_0F_X 与 $4O_0$ 相交于 6_0，则 6_0V_0 即为阴线 UV 在外墙面上的一段落影。过 N 作光线的透视线与 $4O_0$ 相交于 N_0，连线 N_0F_X 与过 M 的光线相交于 M_0，连线 $7M_0$、M_0N_0，即为阴线 $7M$、MN 在外墙面上的落影。

（4）作盖板及牛腿在牛腿上的落影。运用反回光线法，过外墙上的影点 5_0、6_0 作反方向光线，交对应的阴线于 5、6 点，连线 $5F_X$，即为盖板的前边缘底线在牛腿上的落影。连线 $6F_X$，与过 U 的光线相交于 U_0，连线并加粗 $8U_0$、U_06，即为牛腿阴线 $8UV$ 在自身斜面上的透视阴影。

（5）整理后，用细密点填充可见阴面和影区，完成作图（图 17-1）。

17-2　已知曲面建筑形体的透视如图 17-2 所示，又知光线的透视与基透视方向，求作其透视阴影。

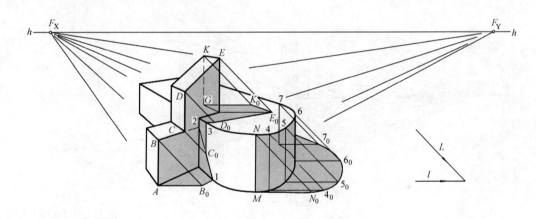

图 17-2　画面平行光线下曲面建筑形体的透视阴影

［解］　分析：图 17-2 所示建筑形体由平面立体和曲面立体两部分组合形成，作图时应区别对待，分开进行。

作图（图 17-2）：

（1）作平面立体的落影：该部分形体的阴线为折线段 $ABCDEKG$。其中，AB 阴线全部落影于地面，为水平横线 AB_0。连线 B_0F_Y 交曲面立体的前表面的下边缘线于点 1，则 B_01 为阴线 BC 在地面上的一段落影。延长阴线 BC 与曲面立体的前表面（平面）相交于 2；过 C 作光线与连线 12 相交于 C_0，则 $1C_0$ 为阴线 BC 在曲面立体前表面上的又一段落影（这是因为影线必通过阴线与承影面的交点的缘故）。过 C_0 作 CD 的平行线 C_03，即为铅垂阴线 CD 在与之平行的铅垂面上的一段落影。过 3 作水平横线，与过 D 的光线相交于 D_0，则 $3D_0$ 即为铅垂阴线 CD 在曲面立体水平顶面上的又一段落影。求作 E 在曲面立体水平顶面上的落影 E_0，连线 D_0E_0，即为倾斜阴线 DE 在水平顶面上的全部落影。连线 E_0F_X，与过 K 的光线相交于 K_0，则 E_0K_0 即为水平阴线 EK 在水平面上的落影。过 K_0 作水平横线，即为铅垂阴线 GK 在水平面上的落影。

(2) 作曲面立体的落影：图 17-2 所示曲面立体的右边为半圆柱（直径等于该部分形体的 Y 向尺寸），其透视表现为半椭圆柱。作图时，与光线平面相切的柱面素线 MN 为阴线（即过 M 所作光线的基透视应与底面椭圆弧相切）；顶面轮廓曲线 $N7$ 为阴线弧（点 7 是顶面椭圆弧的端点）。由于在空间 $N7$ 弧平行于承影面（地面），故其地面的落影在画面平行光线下仍是全等的圆弧，其透视表现则为一椭圆弧。分别作阴线圆弧的起止点 N、7 和中间点 4、5、6 的落影 N_0、7_0、4_0、5_0、6_0，并将 M、N_0 用直线连接起来，将 N_0、4_0、5_0、6_0、7_0 依次连成光滑的椭圆弧线，即为阴线圆弧 $N7$ 的基面落影。连线 7_0F_X，整理后，用细密点填充可见阴面和影区，即得所求。

17-3 已知坡顶小屋的透视如图 17-3 所示，又知光线的透视与基透视方向，求作其透视阴影。

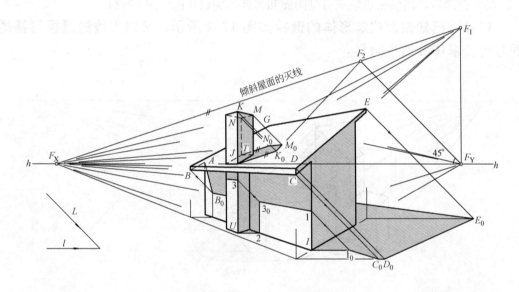

图 17-3　画面平行光线下坡顶小屋的透视阴影

[解]　分析：图 17-3 所示单坡顶小屋由房屋主体、屋顶烟囱和屋面下烟囱三部分构成。在既定的画面平行光线照射下，其有效的作图阴线对应为：坡屋顶的阴线 $ABCDEG$，房屋的右前铅垂墙角线，屋顶烟囱的阴线 $JKMNT$，屋面下烟囱的右前铅垂棱线。

作图（图 17-3）：

(1) 如图 17-3 所示，求作阴点 B 在小屋前立面的落影 B_0。连线 AB_0，即为阴线 AB 在小屋前立面的落影；连线 F_XB_0 并延长之，得檐口阴线 BC 在小屋前立面的一段落影 B_01。求作 1 的地面落影 1_0：铅垂阴线 DC 的地面落影 C_0D_0（C_0D_0 为水平线），连线 $I1_0$，即为过点 I 的铅垂墙角阴线在地面的落影；连线 1_0C_0，即为檐口线 BC 在地面上的又一段落影。作阴点 E 的地面落影 E_0：连线 D_0E_0，即为坡屋面倾斜阴线的地面落影；连线 E_0F_X，并取其有效区段，即为屋脊阴线 EG 的地面落影。

(2) 作烟囱在屋面上的落影：根据铅垂阴线在斜面上的落影特性，烟囱上的铅垂阴线 KJ、NT 在斜面上的落影 K_0J、N_0T 均应与屋面的灭线 F_1F_X 平行；连线 N_0F_X，并延长之，与过 M 的光线相交于 M_0；连线 N_0M_0、M_0K_0，整理后即得烟囱在屋面上的透视阴影。事实上，包含水平阴线 KM 的光平面灭线是通过灭点 F_Y，并与视平线成 $45°$ 角的一条直线，此光平面的灭线与屋面的灭线相交于 F_2，点 F_2 就是阴线 KM 在屋面上落影的灭点。故连线 K_0F_2，与过 M 的光线相交于 M_0，则 K_0M_0 即为所求落影。

（3）作檐口线在下部烟囱面上的落影和下部烟囱在地面和小屋立面上的落影：屋面下的烟囱阴线为过 U 的铅垂线，其地面落影是水平线 $U2$。其小屋前立面上的落影为自身的平行线，即过 2 的竖直线 23_0。该线与影线 B_01 相交于 3_0，则 23_0 即为过 U 的铅垂阴线在小屋立面上的又一段落影。过 3_0 作反回光线到对应的铅垂阴线上得点 3，连线 $3F_X$，并取得其有效区段，整理后，用细密点填充可见阴面和影区，即得所求。

在此，强调图中的过渡点对 1、1_0 和 3、3_0，它们成对地处在属于各点对的两条光线透视线上。

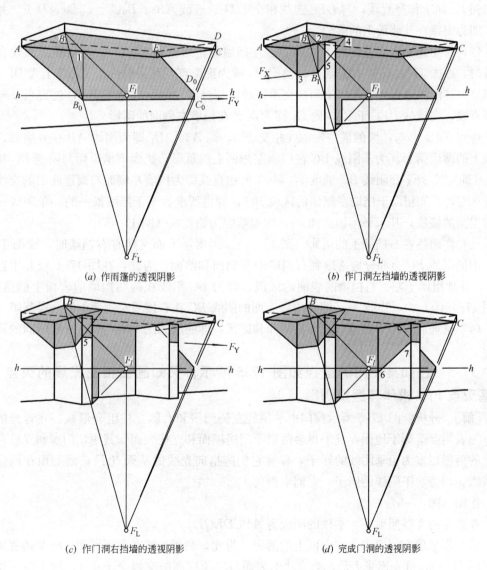

(a) 作雨篷的透视阴影   (b) 作门洞左挡墙的透视阴影

(c) 作门洞右挡墙的透视阴影   (d) 完成门洞的透视阴影

图 17-4　画面相交光线下门洞的透视阴影

17-4 已知带有侧墙、雨篷的门洞的透视（图 17-4d），又知画面相交光线的灭点 F_L 和基灭点 F_1，求作其透视阴影。

［解］ 分析：图 17-4 (d) 所示，门洞由雨篷、左右挡墙组合形成，门扇与外墙面共面。作图时，应先雨篷、后挡墙地逐个求作落影。在既定的画面相交光线的照射下，雨篷的阴线为 $ABCDE$（图 17-4a）。而左、右挡墙均只有一条右前棱线为阴线。

作图（图 17-4）：

（1）作雨篷在外墙面上的落影（图 17-4a）。本例中无雨篷的基透视，故无法利用光线在地面上的透视。为此，只能利用光线在雨篷底面上的基透视来作图。连线 BF_1，交雨篷底面与墙面的交线于 1，过交点 1 向下作竖直线，交 BF_L 连线于 B_0，则 B_0 即为点 B 在墙面上的落影。连线 AB_0，即得阴线 AB 的墙面落影。连线 B_0F_Y 与连线 CF_L 相交于 C_0；过 C_0 向上作竖直线，与 DF_L 连线相交于 D_0；连线 AB_0、B_0C_0、C_0D_0、D_0E，并加粗，即为雨篷在外墙面上的落影。

（2）作雨篷在挡墙左侧面上的落影、左挡墙的落影（图 17-4b）。当雨篷下面建有左挡墙时，原图 17-4 (a) 中阴点 B 的落影 B_0 成为虚影点，其实影落在左挡墙上为 B_1（图 17-4b）。其作图过程为：连线 BF_1，交雨篷底面与挡墙左侧面的交线于 2；过交点 2 向下作竖直线，交连线 BF_L 于 B_1，则 B_1 即为点 B 在挡墙左侧面的落影。

连线 F_XB_1，与挡墙的最左轮廓线相交于 3，则 $A3$、$3B_1$ 即为阴线 AB 在外墙面、左挡墙上的两段落影。为求阴线 BC 在挡墙左侧面上的落影，扩大该承影面与阴线 BC 相交于 4（即延长 $2F_X$ 交阴线 BC 于点 4，则 24 所在直线即为挡墙左侧面与雨篷底面的交线），连线 $4B_1$，并加粗属于挡墙左侧面的区段 B_15，即得所求。至于挡墙惟一的一条阴线——右前铅垂的棱线，其水平落影指向 F_1，墙面落影为铅垂线（图 17-4b）。

（3）作雨篷在右挡墙上的落影（图 17-4c）。当雨篷下面又建有右挡墙时，原图 17-4 (a) 中的阴线 BC 会部分地落影到右挡墙的左侧面和前面。为此，在图 17-4 (c) 中连线 $5F_Y$，并加粗属于左、右挡墙前表面的区段，即为 BC 阴线在两堵挡墙前表面上的落影。在图 17-4 (d) 中，连线 67，即为雨篷底面的阴线 BC 在右挡墙左侧面上的一段落影。

（4）整理后，用细密点填充可见阴面和影区，即完成如图 17-4 (d) 所示门洞的透视阴影。

17-5 已知某校门的透视如图 17-5 所示，又知画面相交光线的灭点 F_L 和基灭点 F_1，求作其透视阴影。

［解］ 分析：图 17-5 所示校门由平顶、左侧门房和右侧立柱组合形成。在背光的照射下三者均会落影于地面，且平顶会落影于门房墙面和立柱表面。其中，门房和立柱在地面上的落影，多为铅垂阴线的影子，显然它们应指向光线的基灭点 F_1；而平顶在地面上的落影，均为水平阴线的影子，它们应指向 F_X。

作图（图 17-5）：

在既定的光线照射下，平顶的阴线为 $ABCDEGI$。

（1）作平顶在门房和立柱表面上的落影。为此，利用光线在平顶底面上的基透视来作图（图 17-5）。首先连线 DF_1，与立柱前表面与平顶底面的交线交于点 1，过 1 向下作竖直线，与 DF_L 相交于 D_0。D_0 即为点 D 在立柱前表面上的落影。由于立柱前表面与门房

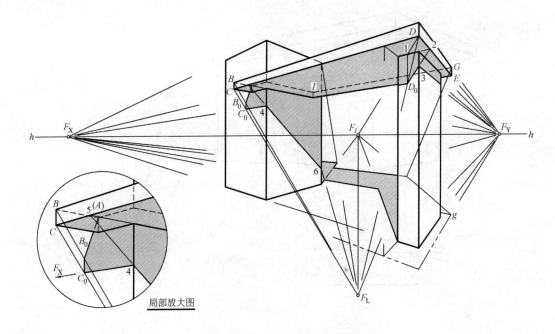

图 17-5　画面相交光线下校门的透视阴影

前表面共面，故连线 D_0F_X，与过阴点 C 的光线 CF_L 相交于 C_0，取属于两形体前表面的影线，即为阴线 CD 在两表面上的落影。延长 F_X1 线，交阴线 DE 于 2，连线 D_02，与立柱前表面的右棱线相交于 3，D_03 即为阴线 DE 在立柱前表面上的落影。连线 $3F_Y$，并取属于立柱右侧面的图线，即为阴线 DE 在立柱右侧面上的又一段落影。为求作阴线 CD 在门房右侧面上的落影，扩大门房右侧面与平顶底面交于点 5，连线 45，并在门房右侧面上延伸作图，得图线 46，即为阴线 CD 在该承影面上的又一段落影。

（2）作门房和立柱在地面上的落影：如图 17-5 所示，门房和立柱在地面上的落影，多为铅垂阴线的影子，显然它们应指向光线的基灭点 F_1；至于门房顶部水平阴线的地面落影则应指向 F_X，不难理解。

（3）作平顶阴线 CD、GI 在地面上的落影：连线 $6F_L$，与门房右后方铅垂墙角线的地面落影交于一点，过该点向 F_X 引直线并延长之，即得阴线 CD 在地面上的一段落影。为使后续作图清晰，如图 17-5 所示，作出平顶的基透视，连线 gF_1、GF_L，两线相交于一点；过交点向 F_X 作直线，并取有效区段，即得校门顶部水平阴线 GI 的地面落影。

（4）整理后，用细密点填充可见阴面和影区，完成作图（图 17-5）。

17-6　已知平顶小屋的透视如图 17-6 所示，又知屋顶挑檐顶点 C 在墙面上的落影C_0。试确定画面相交光线的灭点 F_L 和基灭点 F_1，求作小屋的透视阴线。

［解］　分析：从已知挑檐角点 C 在墙面的落影 C_0 可知，光线从左后上方射向画面，小屋可见的两面墙均受光。

本章前述各例透视阴影的光线都是事先确定的。但在工程应用中，却并非如此，它要求作画者根据画面构图和形体的特点选定某一"特征点"的透视落影位置，并以此来控制

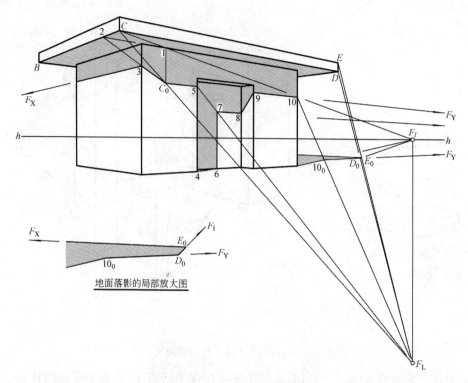

图 17-6　画面相交光线下平顶小屋的透视阴影（方案一）

落影的形态和大小，获得较为"理想"的阴影图像；再根据上述特征点的透视落影，反求光线的方向（对于无灭光线表现为确定光线透视的水平倾角；对于有灭光线则表现为确定光线的灭点 F_L 和基灭点 F_l）；最后在确定的光线条件下，完成建筑形体的透视阴影。本例就是这样的应用。

作图（图 17-6）：

本例主要应用扩大承影面法，作挑檐在墙面上的透视阴影。

（1）根据既定的落影点 C_0 求作画面相交光线的灭点 F_L 和基灭点 F_l。过 C_0 作竖直线交该墙面的最上边缘线（亦即平屋顶底面与该墙面的交线）于点 1，连线 $C1$ 并延长之，交视平线于 F_l，F_l 即为光线的基灭点；过 F_l 向下作竖直线，交 CC_0 的延长线于 F_L，F_L 即为光线的灭点。

（2）作平屋顶在墙面上的落影：过影点 C_0 作指向 F_Y 的图线，并取属于前立面的有效区段，即得阴线 CD 在该墙面上的一段落影；延伸 $1F_Y$ 图线与阴线 BC 相交于 2，连线 $2C_0$ 交最前墙角线于 3，过 3 作指向 F_X 的图线，并取属于左侧立面的有效区段，即得阴线 BC 在该墙面上的一段落影；连线 $3C_0$ 即为阴线 BC 在房屋前立面上的又一段落影。

（3）作门扇上的落影：凹入墙内的门洞只有左侧的铅垂阴线 45 这一条，其地面落影过垂足 4，并指向基灭点 F_l，该线交门扇底线于 6；过 6 作铅垂线与连线 $5F_L$ 相交于 7，67 即为阴线 45 在门扇上的一段落影；过 7 在门扇上作指向 F_Y 的图线交门扇的右边线于 8，连线 78，即为阴线 CD 在门扇上的一段落影；连线 89，即为阴线 CD 在门洞右侧墙上的又一段落影。

150

（4）作平屋顶在地面上的落影：本房屋的右前墙角线为阴线，其落影于地面是过垂足并指向 F_1 的直线，连线 $10F_L$，与上述图线交于 10_0；连线 10_0F_Y 与 DF_L 得交点 D_0，连线 D_0F_1 与 EF_L 得交点 E_0，则线段 10_0D_0 即为阴线 CD 在地面上的又一段落影；线段 D_0E_0 为阴线 DE 在地面的全部落影，其指向 F_1；在地面上连线 E_0F_X，并取其有效区段，即得小屋顶面过 E 的 X 向阴线的地面落影（见图 17-6 局部放大图）。

（5）整理后，用细密点填充可见阴面和影区，完成作图。

在此强调，图中 5 和 7，10 和 10_0 是过渡点对，它们成对地落在两条不同的光线透视线上。阴线 CD 的落影依次为 C_05、78、89、910、10_0D_0 五段。

讨论：同一座建筑形体相同的透视表达方案，当"特征点"落影位置不同时，会获得完全不同的视觉效果。图 17-7 即为上述小屋的特征点 C 落影于左侧墙面 C_0 位置时的透视阴影效果，其作图过程与图 17-7 大同小异，地面的落影详见局部放大图，请读者自行分析，不难理解。

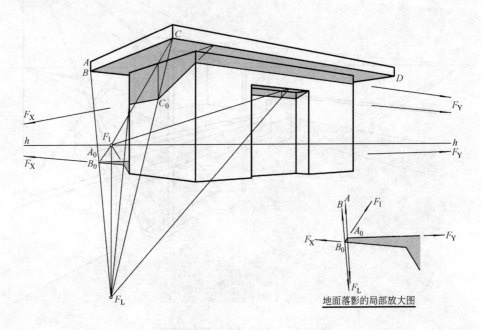

图 17-7 画面相交光线下平顶小屋的透视阴影（方案二）

第十八章　倒影与虚像

18-1　已知坡顶亭屋的两点透视（图 18-1），求作该屋在屋前池塘中的倒影。

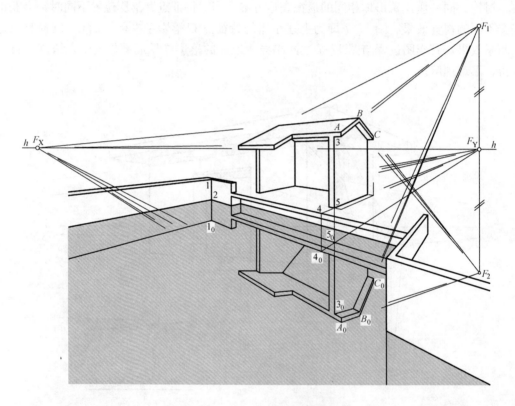

图 18-1　坡顶小屋在池塘中的倒影

[**解**]　分析：图 18-1 所示双坡顶亭屋为两点透视，其水中倒影也应符合两点透视的作图原理和特征。例如屋脊线和前后檐口线灭于 F_X，其对应的倒影也应灭于 F_X；坡屋面斜线的灭点在倒影中应互换位置，即原上行斜线 AB 的灭点为 F_1，其倒影的灭点则是 F_2；原下行斜线 BC 的灭点为 F_2，其倒影的灭点则应为 F_1，且 $F_1 F_Y = F_2 F_Y$。

其余部分的倒影作图，都应符合透视规律和倒影原理。

作图（图 18-1）：

（1）首先应作出带有挡墙池壁的倒影。由于两相邻池壁面的铅垂交线的倒影为等长的延伸线，故有 $12 = 21_0$。挡墙上其他水平线的倒影，仍应指向各自的灭点 F_X 或 F_Y。

需要说明的是，中部挡墙开口处的池壁凹入，并支撑着上表面与地面共面的平板，故应作全平板的底面与凹入池壁面的交线的倒影。

（2）为了作出地面上坡顶亭屋的倒影，应先作出其中的一个顶点（例如点 3 的倒影 3_0），并从 3_0 开始逐线作出亭屋的檐口线和墙身线的倒影。为此，延伸亭屋右侧墙的下边缘线与地面的连线 $4F_Y$，与平板地面的边线相交于 4；过 4 向下作竖直线与该平板对应边线的倒影相交于 4_0（4_0 即为点 4 的水中倒影）；连线 4_0F_Y 与墙角线 35 的延长线相交于 5_0；5_0 即是墙身线 35 的端点 5 在水中的倒影（虚影点）。在 35 的延长线上自 5_0 起向下量取 $5_03_0=35$，即为该墙身线的水中倒影。连线 3_0F_X，并适当延长，即得对应檐口线的水中倒影，并由此顺序逐线作出全部倒影。

需要说明的是，本例并未求出墙身线 35 在水面的对称点，而是直接求端点 5 的水中倒影，然后作该线的等长向下的倒影。

作图时，亭屋中墙身的铅垂轮廓线、坡顶檐口两端的铅垂短线，其等长的倒影分别在各自向下的延长线上；亭屋中的水平檐线和屋脊线，其倒影仍指向共同的灭点 F_X；亭屋中前后斜檐的灭点 F_1 和 F_2，因前后屋面坡度相等而成为视平线的对称点，故前屋面斜檐倒影的灭点就是后屋斜檐的灭点；而后屋面斜檐倒影的灭点又是前屋面斜檐的灭点，即这两个斜檐的灭点互为对方倒影的灭点。

另外，从图中还可以看出，两坡屋面的底面交线在透视图中不可见，但其倒影却呈现得极为清楚。这是由于两者所表达的层次不同所致，可见倒影决不是形体透视图的颠倒，而是形体颠倒后的透视。

18-2　已知室内的一点透视（图 18-2），求作其正面镜中的虚像。

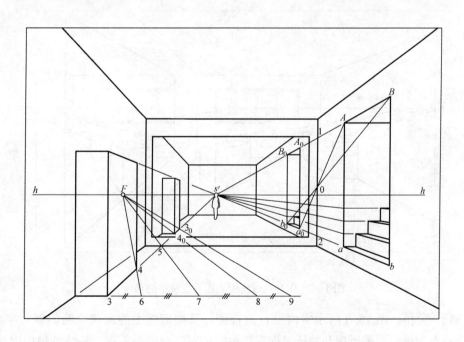

图 18-2　作一点透视中正面镜中的虚像

［解］　分析：图 18-2 所示室内的一点透视，其正面镜中的虚像应符合一点透视的作图原理和特征。例如原图中所有的画面垂直线（如立柜主立面的上下边缘线、台阶的踢面与踏面的交线、右侧通道的上下边缘线等）的透视均指向主点 s'，故其镜中虚像也应指向

主点 s'；原画面平行线（如立柜侧面的轮廓边缘线、台阶与通道侧墙面的交线等）的镜中虚像也应保持与自身平行。

作图（图 18-2）：

(1) 作右侧通道及台阶的镜中虚像：以右侧墙与正面镜的交线 12 为对称轴，取 12 的中点 0，依据透视矩形的对角线法，连线 $A0$、$B0$ 并延长之，交 bs' 于 a_0、b_0，过 a_0、b_0 向上作竖直线，交 Bs' 于 A_0、B_0，则 $a_0A_0B_0b_0$ 即为右侧墙通道口 $aABb$ 的镜中虚像。至于台阶的镜中虚像，依据一点透视规律作图即可。

(2) 作左侧立柜的镜中虚像：立柜在正面镜中的虚像除延用透视矩形的对角线法作图之外，也可用如图 18-2 所示的第二种方法作图：延伸立柜正面的基透视线 34 与正面镜所在墙面的下边缘线（即镜面与地面的交线）相交于 5；在视平线上适当的位置取点 F，连线 $F4$、$F5$ 并延长之，与过 3 的水平线交于 6、7；在该水平线的延长线上如图所示确定点 8、9，使水平点距 $36=89$、$67=78$；连线 $8F$、$9F$，与 $3s'$ 相交于 4_0、3_0，则 4_0、3_0 即为立柜角点 4、3 的镜中虚像。其余部分依据透视规律完成，不难理解。

需要指出的是，主点 s' 是绘画者眼睛（视点 S）的镜像，即绘画者可以从正面镜中看到自己的虚像。

18-3　已知室内的一点透视（图 18-3），求作其在贴挂于侧墙面上的平面镜面内的虚像。

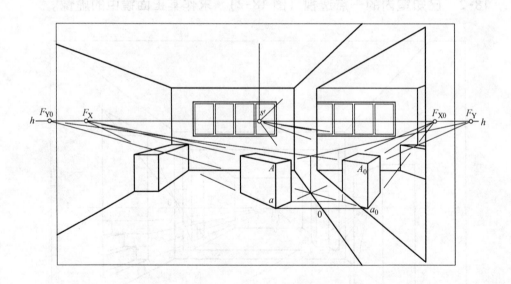

图 18-3　作一点透视中侧面直立镜中的虚像

［解］ 分析：图 18-3 所示室内一点透视图，其侧面镜中的虚像（除斜置写字台外）应符合一点透视的作图原理和特征。即靠墙放置的写字台的画面垂直棱线的镜中虚像仍应指向主点 s'；室内地面斜置的写字台的两水平方向轮廓线的灭点为 F_X、F_Y，其镜中虚像的灭点仍位于视平线上，且应是关于主点 s' 的水平对称点 F_{X0}、F_{Y0}，即 $F_{X0}s' = F_Xs'$、$F_{Y0}s' = F_Ys'$。至于其他的图线，铅垂线的虚像仍为铅垂等长的等高线；侧垂线的虚像在其延长线上，且等长；画面垂直线的虚像仍指向主点。

作图（图18-3）：

（1）除斜置写字台外，室内正面墙上的窗与写字台的贴墙轮廓线在侧面直立镜中的虚像，是以正面墙的右墙身线为对称轴作图的。

（2）斜置写字台的 Aa 棱线的虚像作图：过 a 作水平线交镜面与地面的交线于点 0，以 0 为对称点，向右量取 $0a_0 = 0a$；过 a_0 向上作竖直线 A_0a_0，使 $A_0a_0 = Aa$，则 A_0a_0 即为 Aa 的镜中虚像。过 A_0、a_0 向 F_{X0}、F_{Y0} 引直线，并依据透视规律和虚像原理，即可完成斜置写字台其余部分的镜中虚像的全部作图。

参 考 文 献

1. 黄水生. 画法几何与阴影透视的基本概念和解题指导. 北京：中国建筑工业出版社，2006

2. 黄水生，黄莉，谢坚. 建筑透视与阴影教程. 北京：清华大学出版社，2014

3. 李国生，黄水生. 建筑透视与阴影（第三版）. 广州：华南理工大学出版社，2012

4. 黄水生，陈晧宇，黄莉，谢坚. 土建工程制图. 广州：华南理工大学出版社，2014

5. 丁宇明，黄水生，张竞. 土建工程制图（第三版）. 北京：高等教育出版社，2012

6. 许松照. 画法几何及阴影透视（下册）. 北京：中国建筑工业出版社，1998

7. 乐荷卿，陈美华. 建筑透视阴影（第三版）. 长沙：湖南大学出版社，2002

8. 廖远明. 建筑图学. 北京：中国建筑工业出版社，1995

9. 谢培青. 建筑阴影与透视. 哈尔滨：黑龙江科技出版社，1985

10. 朱育万，肖燕玉，汪碧华. 建筑阴影与透视. 成都：西南交通大学出版社，2003

11. 李武生，沈本. 建筑图学（第二版）. 武汉：华中科技大学出版社，2004

12. 谭伟建. 建筑制图与阴影透视. 北京：中国建筑工业出版社，1997